U0154053

Nihonshu ni Koishite

戀上日本酒

CONTENTS

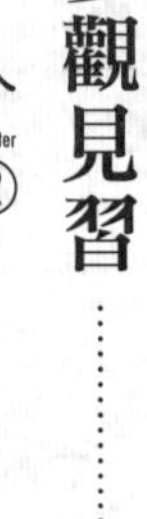

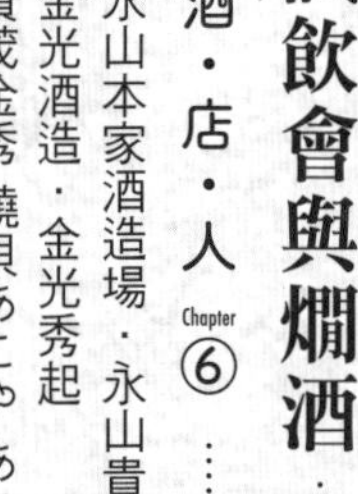

CONTENTS

2018年10月　攝於GEM by moto

未成年請勿飲酒。

●本書以麻里絵個人體驗編寫而成。出場人物、團體雖真實存在，但描繪上稍有誇飾。內容皆為當時資訊，若有變更或不再販售還請見諒。口味人各不同，關於味道的說明皆為個人感想。

日本酒與我

大家好，
我是千葉麻里絵。

我在東京惠比壽
專賣日本酒的店
GEM by moto
擔任店長。

日本酒…
我不太敢喝耶…
咦~
啤酒機
請、請問
有啤酒嗎!?
有。
讚啦!
請給我啤酒
跟炸火腿。
太好了—
為了「先來杯啤酒黨」的信徒，
店裡也供應啤酒。
加了藍紋乳酪的
炸火腿。
炸火腿已經調味過了，
請直接吃就可以。
真、真好吃~
乳酪真夠味。
超搭啤酒啊。
啤酒超讚!!
爽快—
……
……
有沒有興趣
試試看呢?
醬汁!?
這杯白白的?
要喝嗎?
來試試看。
咬下
喝
先吃一口炸火腿，
然後喝一小口
當作醬汁搭配。
放下
試飲杯
哇!

好、好好吃!!
這是變什麼魔術啊——!?
這叫做どぶろく(Doburoku)。是一種濁酒。
太搭了吧。麻煩再給我一杯。
看來又多了日本酒粉絲啦?麻里絵。
嘿!
王牌店長!!
厲害的不是我，是日本酒啦。
不但厲害，而且有趣。
高湯煎蛋捲
秋葵
醃蘿蔔乾
味噌醃豆腐
三種醬菜盤
海膽
昆布醃水茄子
再來——我要一份生鰹魚塔塔。
幫我配適合的酒。
這一款是熟成三年的酒。
熟成?
喝日本酒的順序很重要。基本上先吃一口食物，再喝酒。
不過，今天先請試喝一小口。
很好玩唷。
好玩?實驗嗎?

明明覺得很濃醇，卻很好入口。
跟我認識的日本酒不一樣呀。

這間店有-5度C的冰溫室，特別用來保存日本酒。
冰溫室？
讓酒能在恰到好處的狀態下熟成。
大公開!!

請吃一口生鰹魚塔塔。
馬上喝口酒。

哇…
不一樣了。酒的味道變了。

沒想到日本酒這麼好喝…
好驚訝!!
好喝的日本酒數也數不清。
希望能讓顧客享用到不同的味道。
記得要同時多喝水。
日本酒的潛力無窮無盡。
又多了一位常客唷。
她不是很怕生嗎？

來到這間店，最有趣的是可以讓麻里絵為每個人量身選酒，交給她就行了。

原來如此，好像是這樣耶。

日本酒會因為季節改變味道，不同溫度與熟成後也不一樣。
所以是種要享受「當下」的酒。
就像看著自己的孩子成長。
是我的「寶物」。
日本酒是活生生的，蘊藏著釀造人的精神。
站在吧台這個舞台上，很珍貴的寶物。
寶物？
嗯
嗯
其實以前我什麼都不懂，只覺得這是大人喝的透明酒精。
保密。
妳成長了。
沒有其他酒像日本酒這樣，會因為溫度有多樣變化。
這是溫燗。
在世界上也屬罕見。

哇——經過加熱，味道跟香氣都變了耶。
常溫時覺得有點嗆，現在變得好圓潤。
好有趣哦——!!
原來是這樣圈粉的啊？
日本酒LOVE♥
好喝
我希望介紹日本酒的工作
能成為大家心中的夢幻職業。

打泡器
咕嚕
肉桂
散落
那個是什麼啊？
哦哦
胡椒
撒一點
那個下次有機會再試。
您好，歡迎光臨！
日本酒好好玩哦。改天找時間再來吧。
我有訂了位子。
想喝點什麼呢？
請用毛巾
請給我辛口類的酒。
!!
!?
ザワ
ザワ!

※大驚

我想要
辛口類的酒。
出現
點辛口的人！
這…
該怎麼辦呢？
好。
請問要
清爽的辛口呢？
還是紮實的辛口？

那就來
清爽的吧。
要清爽
類型的嗎？
那麼要不要
挑帶一點香氣的呢？
其實隨便
都可以啦。
有分成
帶水果香氣，
還有香氣沒那麼
明顯的清新型。
我喜歡
有水果香氣的。

那麼，就幫您
準備帶有果香且清爽
口味的辛口酒。

辛口也有
很多類型呢。
原來。
真的有果香!!
哇，這味道!!

您覺得
這算辛辣嗎…
先生？
咦!?
聽妳這麼
一說…
不像呢。

老實說，
我根本不知道
該怎麼點
日本酒啦。
咳
咳
還好妳問了
這些喜好。

很常聽到「辛口」這個詞，其實這是個專業術語。跟想像中咖哩或擔擔麵口味的辛辣並不一樣。

過去曾有一段時間流行「淡麗辛口」的酒款。

「日本酒度」是利用糖比水重、酒精比水輕的特性，計算三者之間比重的均衡。

100ml

純粹因為葡萄糖的關係，正值是辛口，負值是甘口。而超過九成都是辛口酒。

酒標上有項標示叫日本酒度。

在廣告、報章雜誌常用到，造成大眾誤解。

但這畢竟只是指標，跟吃東西時的甜、辣口味沒有關係。

事實上，辣是一種痛覺而非味覺。

從味覺來說，因為酒是用米做的，糖份的甜味會融入酒精中，因此感覺刺激（辛辣）。

原來如此！我還想說「辛口」聽起來很酷。

糖份的量與酒精濃度，還有酸味，其間的平衡會大大影響口味。

咦！

倒不如具體描述吃過的水果，或是清爽 or 濃醇。

這樣比較能有意外發現，找到好喝的酒款哦！

那，給我像哈密瓜的酒。

不會有這種酒吧？

GEM by moto

來這間店就可以遇到麻里絵，從JR惠比壽站步行約10分鐘可達。西式裝潢的店內，有著コ字形吧台座位。店內提供的酒類大多是四合瓶（720cc）的小瓶裝，在日本並不常見，原因是講究酒質。也有一些酒款只在這裡才喝得到，另外麻里絵親自製作的手工拉麵也是很受歡迎的隱藏版餐點。來到這裡，建議先告訴服務人員喜好，由他們來搭配餐點和酒款。能夠體驗到在其他餐廳沒有的樂趣。造訪前別忘了先訂位（一定想見到麻里絵的話，務必先詢問）。

〒150-0013 東京都澀谷區惠比壽1-30-9
電話：03-6455-6998
週二～五 17:00～24:00
週六、日及例假日 13:00～21:00 週一公休

どぶろく（濁酒）· 水酛仕込

釀造商／民宿遠野（岩手縣）

用「水酛」這種製造酒母的方式來釀造，利用天然棲息的酵母以及大自然環境中的乳酸菌製成最自然的濁酒。釀造使用的米也是無農藥、自家栽培的「遠野1號」。

麻里絵point 這款酒將採用水酛這項古代手法釀造產生特殊的酸味，以富有現代感的方式呈現。散在酒中的米粒，每顆都帶著珍貴的甜味，這是只有どぶろく這類濁酒才喝得到的口感。感受自然的氣泡和甜味搭配得宜，保持絕佳平衡感，帶著一股嶄新的休閒輕快風格。這款絕無僅有的どぶろく，只有料理人佐佐木要太郎才釀造得出來。讓人感到蘊藏著無比潛力。

上喜元 純米吟釀 雄町

釀造商／酒田酒造株式會社（山形縣）

展現雄町米特色的內涵，散發柔和的口味。低調的香氣，反倒感覺更多的旨味，加上恰到好處的酸味，其中最令人印象深刻的就是清新感。

麻里絵point 這款上喜元的生酒可說是我首次發現熟成精妙之處的原點。剛壓榨的酒喝起來純淨、華麗、纖細且新鮮，這是理所當然的。不過，我曾在酒藏裡品飲同樣的酒款經過1年、2年、3年，在不同年份熟成的生酒…在時空的交織下，我體會到剛壓榨時所沒有的複雜香氣、旨味，還有濃醇的質地，讓我大受震撼！那次的經驗讓我至今難忘，原來還能以這種方式享用一款酒。

鳳凰美田 芳 Kanbashi瓶燗火入 純米吟釀

釀造商／小林酒造株式會社（栃木縣）

將新酒直接一滴一滴接入瓶內，以保留最原始的樣貌，在裝瓶後火入（加熱。在此主要目的是殺菌），然後在冰溫下熟成貯藏。「芳」這個名字來自於無農藥酒米生產者藤田芳。這款酒也能令人深刻體會到酒米的力量與日本酒的厚實感。

麻里絵point 鳳凰美田的酒，在華麗的風格中帶著高雅香氣，一嚐之下美味得令人目眩神迷。而在我認識了釀造者小林先生之後，對鳳凰美田的熱愛有增無減。這款酒先是散發出高貴的香氣，一入口就感受到擴散的香甜，卻又在一瞬間消散無蹤，捉摸不定的特性讓品飲者大受震撼。美好的事物總是短暫…小林先生的理念永遠藉由酒款來表達。

貴 純米吟釀 山田錦50

釀造商／株式會社永山本家酒造場（山口縣）

這款酒非常重視山口縣的風土表現，使用的是厚東川水系的水，西日本的米，以及大津流杜氏永山貴博的技術釀製出的純米吟釀酒。帶著一股水潤的哈密瓜香氣，入口清爽卻有著複雜的味道，幾乎不帶甜味。至於酸味也盡量控制得讓人感覺尾韻舒服高雅，盡情發揮作為搭餐酒款的堅強實力。

麻里絵point 在感受到來自酒米的溫和甜味同時，又有一絲巧妙的苦味能激發食欲，到最後就停不下來了「再來一杯！」。是很棒的搭餐酒，強力推薦。

唎酒師 葉明政

吉力酒藏 日本酒專營　台灣

本店由具備多年經驗的日本酒專業團隊組成，前往日本各地考察，引進了超過百種地酒到台灣。因此，在台灣多間米其林餐廳、五星級飯店及知名餐廳之間都廣受好評。無論是日本酒入門者或資深愛好者，都能在這裡找到喜愛的美酒。

麻里絵point 店內工作人員經常前往日本尋找美味日本酒，充滿了對日本酒的熱愛。來到這裡，一定能找到自己喜愛的酒款。店內提供付費試飲。

台北市大安區安和路二段28號　電話：02-2706-9699
營業時間：12:00～22:30 週日公休

首次參觀見習

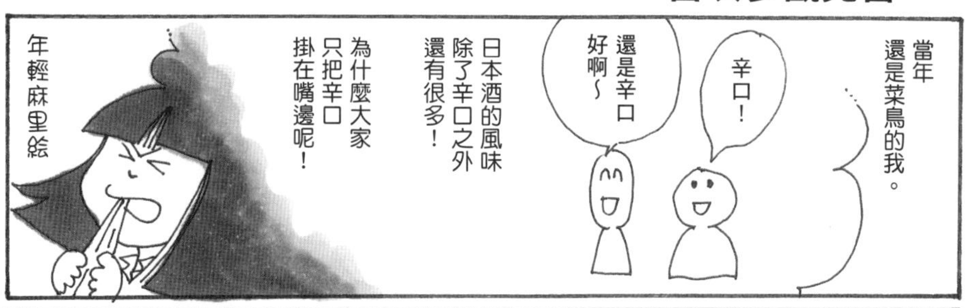
當年還是菜鳥的我。
辛口！
還是辛口好啊～
日本酒的風味除了辛口之外還有很多！
為什麼大家只把辛口掛在嘴邊呢！
年輕麻里絵

以上是辛辣發言。
開玩笑的。
再說到很久很久以前的我。
大一新生
為了克服怕生的個性，想找個要面對人群的工作。

於是開始到居酒屋打工。
工作之後發現滿開心的。
但我也沒打算從事待客的行業。
讓您久等了！
居酒屋

求職
稍微克服了怕生後。
我當了系統工程師！
不過，無論寫了多棒的程式……追加了系統……都沒有人有任何反應。
只有三更半夜還打來抱怨！

雖然喜歡系統工程師的工作，
仍不免想起過去在餐廳打工。
很好吃喔～
下次會再來。
多謝招待！

我仍然抱著熱情繼續工作。
但這份看不到對方的工作，「不是我要的。」
結果，做了三年決定辭職。
嘿！
輕快
然後我就上網想找餐飲相關工作…
新宿2010年6月
新店開幕
徵求開幕儲備員工
『日本酒Stand酛』
好像是一間迷你小店，好好玩！
錄取!!
咦！
社長
當年
我完全不懂日本酒。
呃……
老實說連味道差異也分不出來。
日本酒スタンド
酛
moto
賀
開幕
生意
興隆
客人都不上門！
空蕩蕩～
新開幕。請多多指教。
酒
既然沒客人就多研究日本酒…
但是怎麼喝都分辨不出差異!!
對啦！如果知道是什麼人釀的酒…
閃
去拜訪看看吧!!

我決定去見見釀酒的人。
從那時起，只要去酒藏見習我一定隻身前往。
おやま
小山
うつのみや
UTUNOMIYA
hey TAXI
麻煩到小林酒造。
呃，我已經從車站出發大概20分鐘了，但還是找不到⋯
哎唷，妳繞遠路了啦！
咦!?
辛苦妳啦——
大遲到——!!
不好意思，不好意思。
小林酒造株式会社
好啦，妳就往酒藏那邊走吧。
小林酒造 社長夫人
早安。大家好～～～
換上見習專用服裝。

啊…妳來啦。
小林專務
妳是…千葉小姐吧？
對方不歡迎我!!怎麼辦!!
不、不好意思，我遲到這麼久。
妳先站在這裡看著吧。
好。
聽我說啦。
快去弄那個。
要這樣才對。
小林
我覺得
釀酒真是
太酷啦！
MEMO
迷上酒藏了。
噢！
好啦，來幫忙。
咦!?
我只來見習…!?
看都看了，快幫忙！

我根本
完全狀況外——

我到底
行不行呢——
洗刷
洗刷

我把酒粕
裝進袋子裡——
剝除酒粕

用盡力氣搬運——

啊！
怎麼會
有腳印！

大家排成一列！
讓我看看鞋底！

?
原來是妳
——!?
酒粕

啊！
真對不起——!!
搞什麼啊
我——

這樣的互動之後持續了大概三年…

栃木縣小林酒造的2天1夜釀酒體驗
第2年
剝除酒粕
嗯，千葉妹。30分。
中箭
中箭
中箭!!
唔。
第3年
中箭!!
嗯，千葉妹。60分。
我不甘心!!
一定要拿到100分!!
第4年
千葉妹，要不要一起吃飯？
啊！有這個榮幸嗎？
喜
耶！及格了嗎!?
我就說嘛，這麼好喝的日本酒，就應該要讓更多人喝到才對呀。
嗯嗯，千葉妹啊，妳的確慢慢進步了。
但還差得遠唷。
輕敵！

但妳竟然撐這麼久。
很多人來了一年，之後就沒消沒息了——
為什麼呢？
到底是為什麼呢——
拔出
因為你要求太嚴格啦！
第5年
千葉妹，一起去吃飯吧。
開車要2小時。
（來回要4小時）
來到群馬一間壽司餐廳
超好吃的！
千葉妹還要加把勁呀。
都帶我來這種地方了，
中箭
還這樣講！
第6年
麻里絵，去吃飯吧。
要去哪裡？
去輕井澤。
這麼忙的時候…
兩位歡迎光臨。
哎呀，小林先生好久不見。

超…超好吃。
我說妳啊。
是！
撐髒惹～～狠多～～
「成長了很多。」
邀四有蛇摸睏囊…衰時課以跟我黏糯…
「要是有什麼困難，隨時可以跟我聯絡。」
哎哎，小林先生真是的。
?!!
我沒見過妳。不過，既然小林先生帶妳過來…
妳一定很用功吧。
ふふふ
這老頭很不善於表達。
小林先生！
感動
嗚。
嗚。
真高興…
2016年
後來，小林先生第一次來GEM by moto。
竟然有這麼棒的！
東張
西望
冰溫室！
環顧
妳還成了這間店的店長！
麻里絵！
簡直像在作夢
謝謝你的誇獎！

日本酒的個性…是來自哪裡呢？

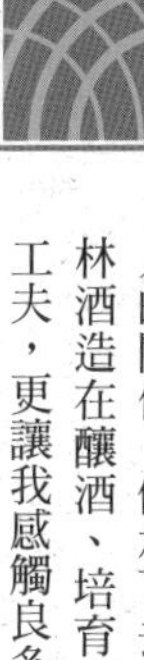

稻米和葡萄酒使用的葡萄不同，是壽命只有一年的多年生草本植物。每年稻子長大後，到了夏季成長時期出穗…然後結實…到了秋季收成，很容易讓人誤會是一年生草本植物，其實應該是多年生的草本。我強烈認為稻米確確實實繼承了多年生草本植物的DNA。尤其在收成種子之後，隔年、再一年都會一點一點傳承當地風土的稻米…明顯一代一代交織了這塊土地的條件，以及土地的DNA。

原為多年生草本的稻米，之所以以一年栽培收成就結束的方式栽作，固然是因為四季分明的自然環境，而這也是小小島國日本的土地、氣候、土壤，還有栽種作物的人們整體凝聚出的日本風格。這樣的背景，也結合了日本特殊的文化、民族性，以及崇敬自然的宗教性在內。

正因為如此！日本酒就等於是釀造者力量的結晶，完整呈現出釀造者的個性…也就是酒如其人。

正因為如此！要釀造出好喝的日本酒，而且經年累月如此，釀造者必須持續努力鑽研，釀造出好酒，發揮釀造者迷人的吸引力。日本酒業界的大環境，就是這樣跨越世代，維繫起人與人的關係，傳承下去。回想起鳳凰美田．小林酒造在釀酒、培育人才、栽種酒米所下的工夫，更讓我感觸良多。

小林正樹先生讓我懂得親身體會的珍貴

想當年我對日本酒業界完全狀況外，謝謝小林先生讓我到鳳凰美田見習釀酒的作業。就在那一天，我深深體會到，為了看到那股澄清透明的液體湧現瞬間，有多少人是在緊繃情緒下懷抱著滿滿的愛，讓我大受感動。至今仍忘不了那一刻心中的悸動。從那時之後，我認真學習日本酒，真心誠意面對日本酒。

當時小林先生讓我了解，釀酒不是憑一個人單打獨鬥，必須倚靠團隊。他用了好幾年的時間指導我，不僅要磨練自我，還有感謝他人。當我眼中只有日本酒，悶著頭往前衝時，他讓我知道除了釀酒之外還有很多更重要的事。接下來，我還得好好自我鍛鍊。

這個時代愈來愈少像過去注重第六感的老師傅，希望弟子主動觀察來習得技術，愈來愈多人會仔細一一說明，大家也認為是理所當然。這麼做固然有好處，但缺點就是似乎少了一點領悟性以及隨機應變的能力。

小林先生在工作第一線非常嚴格。在漫畫裡呈現的大概只有一小部分。我從小林先生身上學到很多，有些當然是挨罵之後才恍然大悟，但更多是他讓我親身體會到如何去感受，那是從話語中無法表達的。

讓我懂得親身體會有多珍貴，這樣的小林先生比誰都還嚴格，卻也比誰都和善。不善於表達的他，對我來說就像爸爸一樣值得尊敬。每當我有困難，他就飛奔來幫助我。我很了解這一點，也因此深深喜愛小林正樹這個人。

在新宿的第2年，我在日本酒stand酛還是打工身分，沒生意的時候就沒排班。
好!!再來談點往事！

窮困的我，也到附近的百貨公司打工。
歡迎光臨——

哦？聽說妳也在居酒屋打工？
可以幫忙日本酒試喝的攤位嗎？

都沒人耶。
嗚嗚嗚。
川鶴
日本酒試

對了，我忽然想到，昨天是我生日耶。
1月25日
真的假的!?我也是昨天生日。

不會吧！真是太巧了。
對呀!!

一起去喝兩杯慶祝吧？
好啊走吧。
搜尋一下……
既然這樣就找有賣川鶴的店吧。

好慘~~~
川人社長！
新宿 川鶴 餐廳
0項
川鶴
すべて
0件
這附近你有熟的餐廳嗎？
嗯~我想想。

妳平常都喝哪些酒呢？
大概是而今啦，萩乃露這些⋯
而今對我來說啊，
就像是閃爍著橘紅色光芒。
萩乃露的話是翡翠綠的感覺⋯
貴呢⋯
哦——
那我家的酒是什麼色？
⋯⋯⋯⋯
⋯⋯⋯⋯
灰、
灰色～～
什麼喔喔!?
胡說八道打死妳喔！
灰色是什麼鬼啊。
一點光亮都沒有嘛！
好恐怖！
少瞧不起讚岐男兒！
唉唷，我沒有說不好喝啊。
灰色是表示呢⋯
無法說謊
妳這人很煩耶！
不是說想從事日本酒的工作嗎!?
到底想做什麼!?
酒

苦惱…
說不出話了吧！
……
釀的酒也沒多好喝。
喂！
妳說什麼——！
灰的！灰的！
為什麼會為這個吵起來…!?
●這是真實事件。
※靜悄悄
還是一樣沒生意…
……
……
日本酒試
昨天謝謝您的招待。
抱歉啊，我太口不擇言。
我…後來仔細想了想…
我呢…我想做的是…

將自己非常喜歡、
像寶貝一樣的酒，
介紹給顧客。
更美好、
更精準地
用我的話、
我的方式。
這是我
理想的工作…
真的非常
謝謝你。
讓我
領悟這些。
鞠躬!!
我會努力，
讓川鶴的酒
在網路一搜尋
就找得到。
那我也要加油嘍。
一起努力吧!!
不再讓妳
覺得是灰色。
我和川人社長
聊了好多好多。
明明就有
香川獨有的
好酒米呀。
感覺太仰賴
香氣了。
妳、妳說什麼!?
是、是嗎…？
怒!!

讓酒米的
旨味
凝聚！
散發！
嗯——嗯。
握
半年後，
我收到從四國來的酒，
「大瀨戶70」。
喝。
太好喝啦!!
有種質樸
紮實的感覺。
太棒了。
川人社長，
給我1年時間！
我好好推銷這款酒。
之後我在店裡
主動推薦
它的美味。
川鶴這個
四國的牌子。
大瀨戶70
這支
超好喝。
哇，
我想試試。
有嗎？
有一天，
我接到
熟識的酒鋪
矢島酒店
阿矢的電話…
您知道這款酒嗎？
這個嗎～
店裡沒
提供耶～
什麼啦～
愈來愈
想喝了～
倒下
矢島酒店
麻里絵，
我喝過川鶴了。

矢島酒店
麻里絵，我想進川鶴耶。妳店裡要嗎？
我想要!!
從此之後，有緣進貨的店家增多…
口耳相傳之下，東京都內販賣的酒舖增加到8間…
1年後
用「新宿」、「川鶴」、「哪裡喝」搜尋…
你看！有這麼多！
一大排
2018年10月現在
2200件
竟然!!
全是託妳的福!!
回想那次，我真的差點想把妳殺了!!
咦!?
2015年我從新宿店畢業，轉任GEM by moto店長。
川人社長專程遠道而來。
我跑來嘍。
多謝。
這是初次見面時喝的酒。
想再跟妳喝一杯。
哇！
吞

……
該怎麼說~
灰色~
灰的~
灰的~
只要現在的酒好喝就行啦…
當時妳說得真對。
可是你好恐怖。
謎之牆
阿矢是什麼人呢…
很久以前千葉縣的某間居酒屋
唉唉~~~
酛的社長 年輕時
既然都很辛苦，不如做喜歡的事吧。
像是賣日本酒…
不久後和隔壁的陌生人…
老兄你喜歡日本酒啊？我也是!!
接下來地酒要流行啦。
哇哈哈哈哈哈哈哈
炒熱日本酒的市場吧!!
我超愛地酒!!我想開賣日本酒的店!!
努力推廣地酒吧!!
年輕時的阿矢

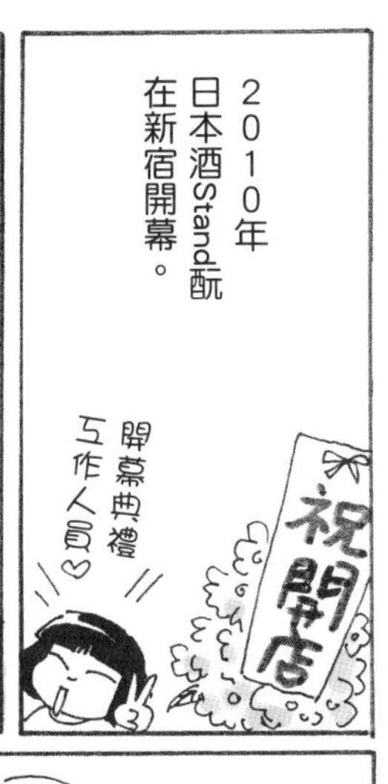
2010年
日本酒Stand酛
在新宿開幕。
開幕典禮
工作人員♡
祝開店

沒有客人
上門!!
……
OSAKE
遭受池魚之殃

這位矢島酒店第二代
矢島幹也，
就是阿矢。
NOOOOO…
OSAKE

當時什麼都不懂的我，
向阿矢請教日本酒相關的
各種知識…
日本酒的
○○是什麼
意思啊？
這個表示
這樣的
意思。
那這個
呢？
妳連這
都不知
道？

我想去找
釀酒的人聊聊耶。
你覺得可行嗎？
參觀酒藏？
我想可以吧…
那就拜託你
介紹一下。

……
妳喜歡
鳳凰美田
對吧？
閃亮—
我超愛的！

栃木有間
很棒的
酒藏。
小林先生
人非常
親切唷。
路上小心
哦。
鳳—凰—
美—田！
耶！
我要出發啦！

我、我回來了。
趴倒!!
你根本是個大騙子!!
什麼非常親切…那人兇得要命啦!!
咦?他很和藹可親耶。
後來我才知道，小林先生只對工作嚴厲，私底下真的非常和善…
左顧
右盼
環顧四周
麻里絵妳成長了!
●煞星也會流淚
反正妳超愛鳳凰美田，沒關係啦。
話不是這樣說!!
厲聲
我看到矢島酒店官網了，你推薦的是寶劍耶!
中箭
吳之土井鐵(「寶劍」的其中一款酒)
※想象圖
之後又發生很多事，在切磋鑽研日本酒後，阿矢與麻里絵已是互稱小名的交情。
現在GEM by moto進貨時也常請他建議。
新政最新上市
川鶴最新上市
酒

矢島酒店

供應作者麻里絵店內日本酒進貨的酒商。創立於1962年，主要直接銷售各間酒造的地酒，此外也有其他酒類與八街地區產的花生與酒器。店內從照明到溫度的控管都非常講究，對於保存酒的品質不遺餘力，讓酒質纖細的酒款能保持出廠時的風味，避免變質。該店也參與了「和釀和樂」這個由日本酒藏元（酒藏的經營者）與酒商合力微笑推廣日本酒與日本飲食文化的活動。希望社會大眾能瞭解日本飲食文化的魅力，以協助傳承、培育、發展為目標。

第二代 矢島幹也

〒273-0047 千葉縣船橋市藤原7-1-1
電話：047-438-5203
營業時間：9:00～20:00（週日～19:30）
週二及每月第3個週一為公休日

寶劍 純米酒 超辛口

釀造商／寶劍酒造株式會社（廣島縣）

雖然名稱為超辛口，仍舊帶有豐富旨味，期待喝到類似強烈氣泡水口感的辛口信徒，喝到這款酒之後保證大為震撼，從此改觀。

麻里絵point

寶劍酒造厲害的地方，就是他們家的酒無論何時打開都能保持穩定的美味。日本酒是活的，而且每一支都有很些微的差異，但這家酒造的酒從開瓶到最後都讓我信心十足介紹給客人，就像是可靠的大哥。一喝之下與外觀的超辛口酒標呈現大反差，當然指的是好的體驗。入口即感到柔和的質地，接著是愈顯飽滿的甜味與旨味，然後在纖細的觸感中消退。釀酒的杜氏土井先生平常不易見的溫柔也充分展現在這款酒上吧。

川鶴 純米限定槽場直汲 無濾過生原酒

釀造商／川鶴酒造株式會社（香川縣）

現在可以喝到新的讚州大瀨戶了。粗獷的口味依舊，還多了清爽的口感，可說更上一層樓。將旨味、米味、酸味融為一體，堪稱代表川鶴風格的一款。有機會請一定要試試讚岐地區歷史悠久的酒米「大瀨戶」。這裡介紹的是矢島酒店獨家銷售的限定酒。

麻里絵point

香川縣產的酒米「大瀨戶」，加上川鶴中硬度的釀造水，呈現出強而有力、威風凜凜的這款酒。俐落的酸味和濃醇口感，在口中綿延不絕。這款「川鶴 大瀨戶70」，追溯誕生的原點可說是我與川人社長的相識。舊酒標採用傳統字型髭文字的「川鶴」二字，充分展現這款酒不靠香氣而以大瀨戶強力旨味取勝的口味。

一段段相遇的機緣

在新宿第2年 初春
日本酒Stand酛餐廳打烊後
哇，這款酒真棒。
是山形正宗稻造啊。
超讚！
稻造？是酒米的名字嗎？
我看…嗯？山田錦!?
原料名 米・米麴
精米步合 山田錦55%
酒精濃度 16
國產米100%使用
竟然
看來我得再去「進修」一下…
我會找各式各樣的藉口去酒藏見習。
請問，見習的日程…
哦哦！
既然是○○的介紹我就不好拒絕了。要來是無所謂啦。
真是麻煩耶。
欸！
妳好啊。
妳想看什麼啊？
水戶部朝信
雖然最初互動不太好，總之我還是來到了山形縣株式會社水戶部酒造
您好，幸會。
還請多多指教。

想來拍照片放在部落格上嗎!?
還是有什麼想問的呢?
對方根本不歡迎我!!跟去鳳凰美田時一樣!!
呃~~~我很喜歡你們「稻造」這款酒…想問為什麼會叫「稻造」~~~
絕望的
居然是問這個!
MEMO
一開始喝的時候,有一股特殊的味道。
提心吊膽
以為稻造是我不認識的酒米,結果卻是用山田錦…
我想一定跟稻子有關!
咦!?
啊!!
對啦,稻子很珍貴。
釀酒就從米開始,因為這個理念就取「稻造」!
我就知道——!!
認真筆記
Mitobe と Nitobe
新渡戶稻造(水戶部與新渡部發音相近)
也有一說是中學時的綽號…
嘿,稻造!
稻造!
幹嘛!
※少年水戶部

妳喝了稻造覺得怎麼樣？
……
覺得…有一股淡淡的木質風味。
水質跟其他酒不同，很俐落。
哦—
居然能提到水質和風土。

帶妳簡單參觀酒藏。
之後要不要去吃蕎麥麵呀？
當然!!
不再兇巴巴了

我們的釀造水跟別人不同。
是號稱如寶刀俐落的天然水！
哦哦，難怪—
咦!?

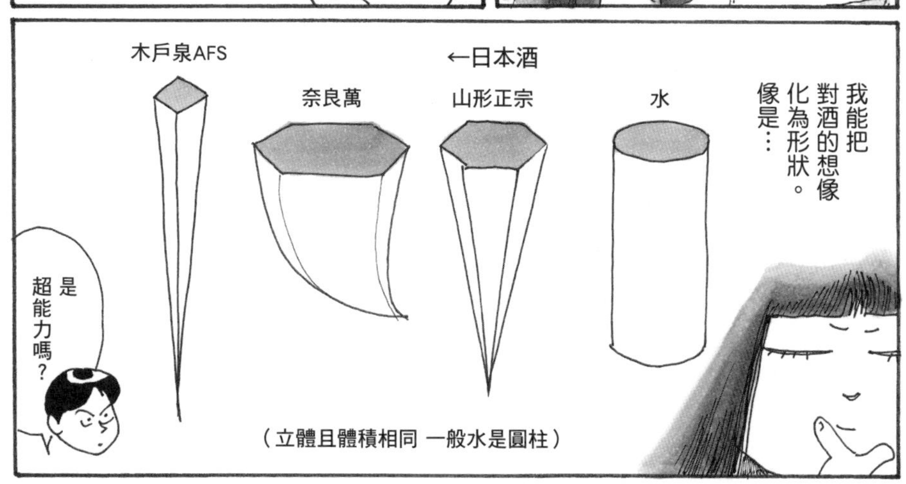

我能把對酒的想像化為形狀。
像是…
←日本酒
木戶泉AFS
奈良萬
山形正宗
水
（立體且體積相同 一般水是圓柱）
是超能力嗎？

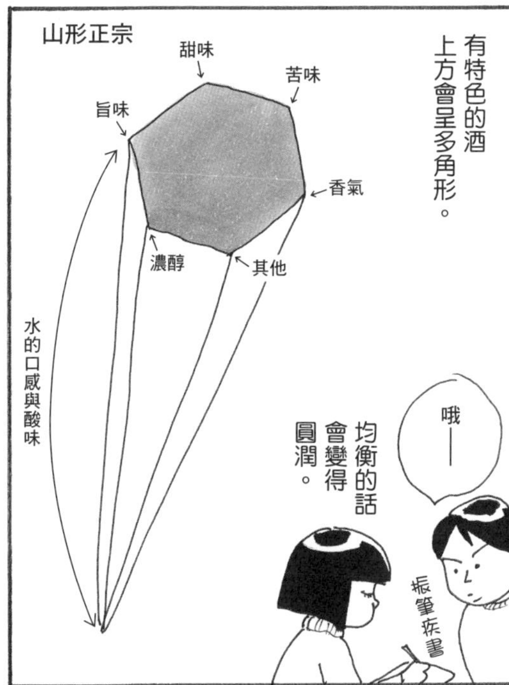

有特色的酒上方會呈多角形。
山形正宗
甜味
苦味
旨味
香氣
濃醇
其他
水的口感與酸味
均衡的話會變得圓潤。
哦——
振筆疾書

至於我覺得形狀上最均衡的是…
喜久醉
哇——

這理論有意思！
原來並不是超能力。

看來妳學得很認真嘛!!
明天請讓我在現場幫忙。

很早唷。
沒問題，我在栃木練過了。

現在，特色十足的山形正宗已加入GEM by moto的重要酒單陣容。

和超有個性的水戶部也有好交情。

我明明很正常吧。

這是新到貨的仙禽，現在開瓶。
哦哦。
太棒啦。

撕開
山廢
仙禽 山廢
龜之尾

哇呀！
砰
砰

嚇死人了啦——
簡直就像香檳——
我的媽呀啊啊啊。
竟然爆開了——!!

你、你好，仙禽酒造嗎？
我是日本酒stand酛的千葉…
呃～那個～你們家的酒
突然就爆開了～～～
全身顫抖

是整支酒瓶破掉爆開嗎？
還是裡面的酒噴出來？

酒瓶沒破。
酒也沒噴出來。
只是瓶蓋爆開噴走了…
安——靜

只是這樣？
是只有這樣沒錯，但之前從來沒發生過耶。

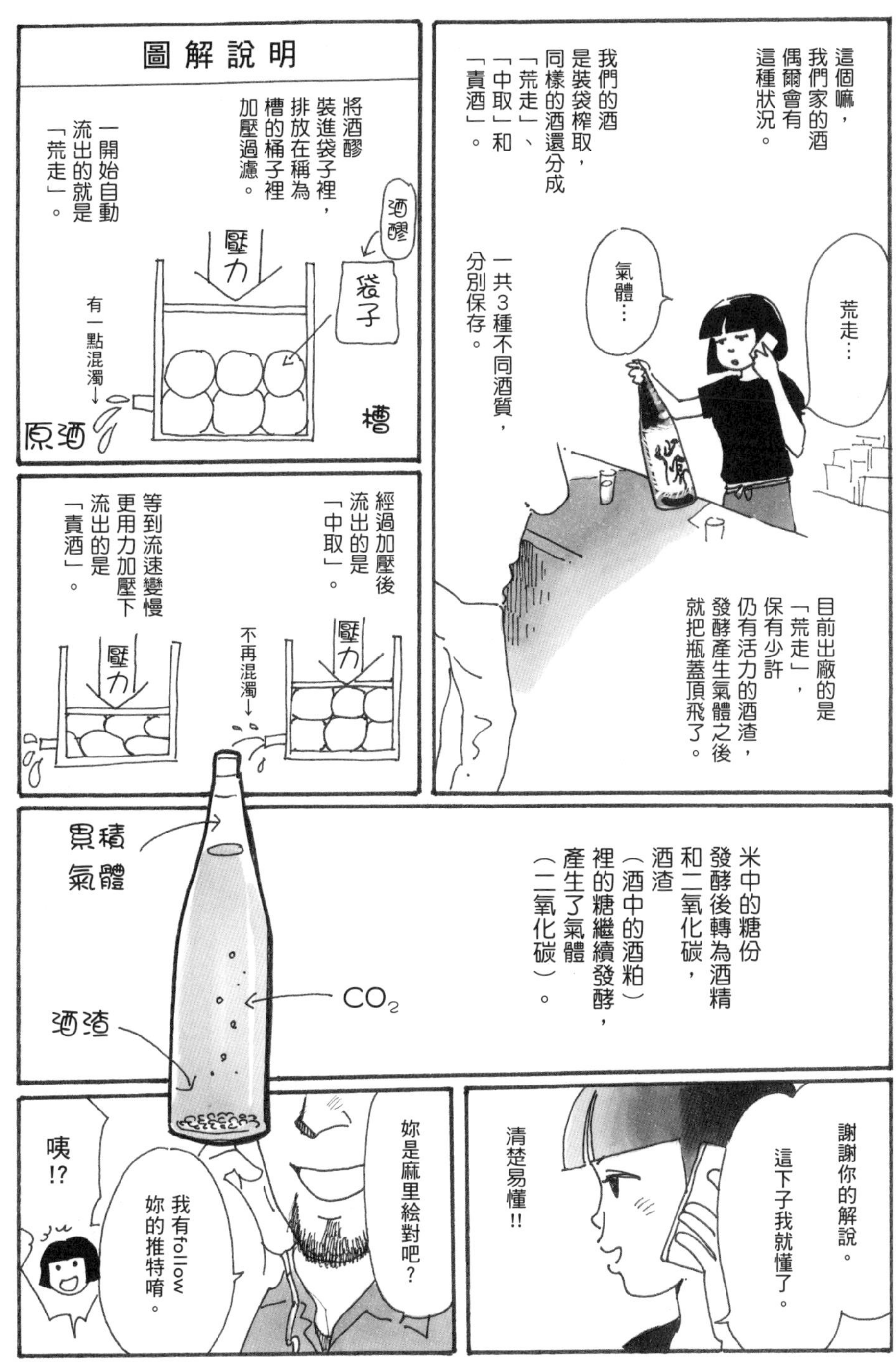

這個嘛，我們家的酒偶爾會有這種狀況。
我們的酒是裝袋榨取，同樣的酒還分成「荒走」、「中取」和「責酒」。
荒走…
氣體…
一共3種不同酒質，分別保存。
圖解說明
將酒醪裝進袋子裡，排放在稱為槽的桶子裡加壓過濾。
酒醪
袋子
壓力
槽
一開始自動流出的就是「荒走」。
有一點混濁↓
原酒
目前出廠的是「荒走」，保有少許仍有活力的酒渣，發酵產生氣體之後就把瓶蓋頂飛了。
經過加壓後流出的是「中取」。
壓力
不再混濁↓
等到流速變慢更用力加壓下流出的是「責酒」。
壓力
米中的糖份發酵後轉為酒精和二氧化碳，酒渣（酒中的酒粕）裡的糖繼續發酵，產生了氣體（二氧化碳）。
累積氣體
CO_2
酒渣
謝謝你的解說。
這下子我就懂了。
清楚易懂!!
妳是麻里絵對吧？
我有follow妳的推特唷。
咦!?

不如改天來酒藏，
我帶妳去看看。
薄井一樹
株式會社仙禽
第十一代藏元

咦——
可以去
嗎——？
他應該
會教我
很多吧
——♡
什麼
時候
好呢？
驚！

不過當時
我總以為…
面無表情
小林
鳳凰美田
山形正宗
生性好鬥
水戶部
酒藏的人
都很可怕。

然而，當我豁出去
到栃木的仙禽時…
歡迎

這人和藹可親！

大家常說
我們的酒酸酸甜甜，
妳知道原因嗎？
嗯？
因為想
增添趣味嗎？

不過，
我釀的日本酒
也可以
這樣搭配。

冒氣泡

想著
如何搭餐…

來釀酒…

驚訝

對哦…
應該要考慮
酒和料理
要怎麼搭配。

我開始去小林酒造的那段時間，
新宿漸漸有一些立飲形式的日本酒專賣店…
但還沒有太多顧客。
日本酒スタンド
酛
moto
麻煩給我仙禽和洋芋沙拉。
就在某天，一名男子出現了。
好的。
另外再推薦我幾道小菜，還要搭配酒款。
不管是冷的或熱的都好。
好的請稍候。
當時paring（餐酒搭配）這個詞還不流行。
嗯…該怎麼辦呢？
來了不簡單的客人!!
請問有新政的酒嗎？
店裡沒有。
不論喜好，而是以最適合料理的酒搭配，這並不常見。
隔壁的秋田料理餐廳呢？
已經倒閉啦。

仙禽的
Dolce Bouquet。
我從以前
吃飯就會不自覺
想搭酒…
今天來烤魚。
就喝那支酒吧。
這是洋芋沙拉。
到底怎麼樣嗎!?
超想知道的啊！
當場試著
即興搭配。
洋芋沙拉
可以嘗試搭配
東北泉雄町，
喝熱的。
總覺得
在哪裡
見過這個人…
重點是…
他覺得好吃嗎？
會是一種享受嗎？
他喜歡這樣搭配嗎？
這是三重錦的古酒。
稍微溫一下。
使用
比較深的酒杯。
哦哦。
moto
這些料理
搭配跟出餐節奏，
妳是跟誰學的呢？
沒耶…
沒學過…

真是太開心了。
就是這個!!
我就是想聽這句話才做這份工作。
而且連一些小細節都觀察到了——
宮田天使
多謝招待。之後會再來!!
名片
是常上雜誌的名人耶!!
多田正樹
GEM by moto
2015年12月25日
我想來喝喝看千葉妹的耶誕夜限定酒!
比耶誕老人更令人期待
哦，多田先生!!
至今還是非常緊張
謝謝招待。
今天是否也感到滿意呢？

今天謝謝您的光臨。
千葉妹。
不用再對我這麼恭敬了。
接下來我繼續在日本的和食界耕耘，
餐酒搭配。
咦？
妳呢，要挑戰更大的目標，進軍世界。
創新勢必招致各種批評，但妳保持信心就好。
只要我還在，一定全力支援妳！
因為妳有這份才華。
多田先生這番話造就今日的我，一點都不誇張。
多田先生…今天最後一款酒的酒杯，
是當年在新宿您首次光臨用的杯子。
您發現了嗎？

初期的酒藏見習 山形正宗

一開始與水戶部先生在電話裡的互動，以及從其他人口中聽到的感覺，都有點怕怕的，因此當初我要去見他時忐忑不安。那時我對一切都還狀況外，在酒造最忙碌的時期該怎麼辦才好？就連問問題也想很多，深怕自己一不小心就失禮了。滿腦子想著這些，同時還到酒藏裡幫忙……還記得作業的內容是將蒸熟的米放進放冷機乾燥之後，把這些米搬到釀酒槽。

在工作第一線瀰漫著莊嚴肅穆的氣氛，我繃緊了神經，就連呼吸也小心翼翼，腦子裡那些胡思亂想全被吹散，對釀酒人員的敬意與對大自然恩賜的感謝油然而生。雖然這只是在一整天作業中一閃而過的情緒，卻讓我感受到「釀酒真偉大！」經過這一次，我開始能坦然對水戶部先生說出自己的感想，甚至是自己還不成熟的地方，水戶部先生也會詢問我一些在餐飲第一線的想法，彼此成了這樣的好交情。

「我以前個性還真偏激啊！」現在他會笑著這樣對我說，但耿直的性情完全沒變。還有，他會從各種有趣的角度看待事情，至今每次見面仍讓我獲益良多。今後我也會將結識的緣分謹記在心，珍惜山形正宗這個牌子的酒。

充滿刺激令人心動 仙禽的味道

當年工作上轉換跑道，轉做跟日本酒相關的行業時，什麼都不懂的我，凡事都感到新鮮，都是新學習。我會到酒藏參觀見習，到販賣日本酒的餐廳，認識了很多日本酒相關從業人員，讓我更加喜愛日本酒。那時候喝到仙禽的酒，雖說味道酸酸甜甜，但實在給我很大刺激，令人心動。一時之間還無法理解米竟然能呈現出如此多變的味道。這股好奇心也成了日後與薄井先生結識的契機。薄井先生就像是另一個世界的人，帶著誠摯的眼神悉心向我解釋，我從來沒想過的世界料理與日本酒的搭配、酸味的種類，以及改變溫度能讓日本酒呈現不同風情等等。他似乎還搜尋了當時默默無名的我，「我聽過妳呀，麻里絵。」聽他這麼說，我也就大膽順水推舟，不停提出問題，他全都一一仔細回答。有些內容太過深奧，以我的腦袋和經驗還無法理解，但我仍努力想記起來，希望終有一天能理解薄井先生的想法，然後用自己的說法推廣給眾人。薄井先生和善的說明反倒讓當時的我有點受傷，覺得他只是告訴我很多知識，但對於我的想法似乎沒什麼興趣（笑）。

現在我們的互動關係非常好，無論我面對高低潮，他總是能給我最中肯的建議，不管是溫柔讚美或犀利建言，甚至還幫我釀造獨家酒款。然而，我還是需要多多精進，才能跟得上他那些高深的想法。

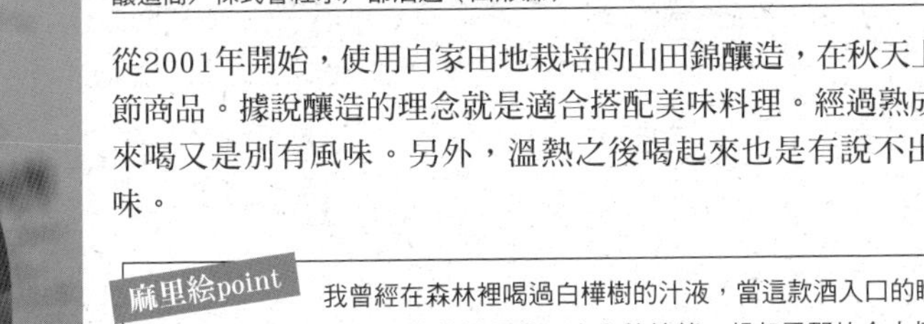

山形正宗 純米吟釀 稻造

釀造商／株式會社水戶部酒造（山形縣）

從2001年開始，使用自家田地栽培的山田錦釀造，在秋天上市的季節商品。據說釀造的理念就是適合搭配美味料理。經過熟成隔一年來喝又是別有風味。另外，溫熱之後喝起來也是有說不出的好滋味。

麻里絵point 我曾經在森林裡喝過白樺樹的汁液，當這款酒入口的瞬間，我立刻感受到一股籠罩在森林裡溫馨、安全的情緒，想起了那片令人懷念的風景。在樸實的口味與柔和觸感之後，紮實又俐落的口味引人入勝。喝一口高湯，啜一口酒，兩者天衣無縫搭配下喝多少都沒問題！獨一無二且始終未變的一款。

仙禽 Dolce Rosso

釀造商／株式會社仙禽（栃木縣）

使用葡萄酒酵母釀造的日本酒。加上巴黎春天「跳躍的靈魂」這個主題，充滿喜悅且明快的酒標引人矚目。帶著果香又充滿香料的口味，宛如紅酒般新潮時尚。

麻里絵point Dolce系列是受到法國波爾多的葡萄酒酵母培養所委託釀造，呈現正港法國高酸度的酒質，是其他日本酒前所未見的特殊質感。在高溫下發酵的葡萄酒酵母和日本酒不同，充滿了強韌的生命力。這款酒也展現了豐沛活力與水潤口感，同時呈現以往仙禽一貫的「酸甜」特色。此外，獨樹一格的酸味，非常適合多油脂與肉類料理，是以往日本酒難以搭配的範圍，這股酸味也能和西式料理的調味料與食材產生共鳴。

店主 Gene

Shochu sake bar 小酒sake bar 台灣

以台灣料理搭配日本酒的概念，從日本各地蒐羅各式各樣的地酒。店內每一季都會有老闆精選酒款，並將酒單寫在小黑板上，也可以請老闆搭配料理選酒。

麻里絵point 老闆選酒精準的一間店。此外，能體驗到台灣料理與日本酒的搭配，這在台灣當地也不常見。

台北市中山區中山北路二段11巷7之1號
電話：02-2567-2589 營業時間：17:30～1:00
週五、週六～2:00 週日公休

總算能說明每個牌子的酒，面對客人的要求。

要喝起來有果香的…

我想要清淡的類型。

有爽口的酒嗎？

要濃的。

好的。

苦惱苦惱苦惱苦惱

太虛無飄渺搞不懂啦!!

到底要端出什麼酒才是「正確答案」呢？

於是，決定到其他餐廳打探…

請給我清淡有香氣的酒。

好的！要清淡的推薦款是嗎！

這算是…清淡？

跑了幾間店，我發現多半都是端出店長個人喜歡的「推薦酒」。

並不是推測顧客喜好來決定。

好喝耶。老闆！

看吧！

有些店家的確能符合期待，但都是因為有經驗老到的店員。

但我想立刻派上用場呀…
難道只能累積經驗，以及仰賴個人直覺嗎…
你適合這個。
酒魔女麻里絵
苦悶苦悶苦悶苦悶

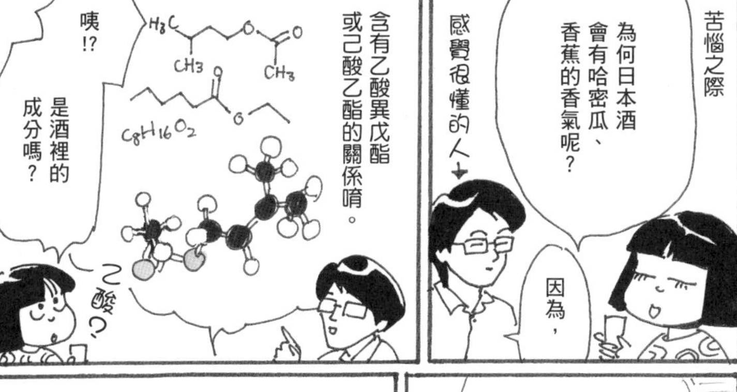
苦惱之際
為何日本酒會有哈密瓜、香蕉的香氣呢？
感覺很懂的人
因為，
含有乙酸異戊酯或己酸乙酯的關係唷。
$C_8H_{16}O_2$
咦!?
是酒裡的成分嗎？
乙酸？

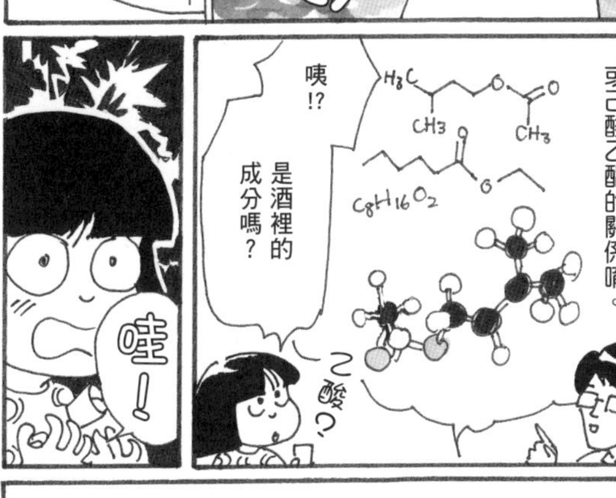
哇！

秋田地區佛祖
注意到了嗎？
我可是理科女呢！
對了，用化學解釋不就得了？

後來我才知道有所謂「官能評鑑」。
簡單來說，就是用五官來感受食品，作出評價。
進一步就整體概念來說。
聞到氣味，分辨其中成分的能力。
不是超能力唷。

味覺因人而異，與其以味覺判斷，不如了解化學成分來想像味道，能更正確判斷。
我參加了清酒官能評鑑講座。
有澀味。
帶一點酸。
不甜。
甜的。
A酒
因為個性很適合吧，表現得還滿不錯。
優秀!!
掛保證!!
現在可以從成分組合大致掌握到口味了。
逐漸可以順利因應顧客的需求。
清爽的。
要重一點。
在新宿Stand酛，顧客逐漸用感覺點酒而不是指定品牌。
香氣明顯，喝來順口的酒。

累積以化學觀點推薦酒款的經驗後，我察覺到一點。
好厲害哦，麻里絵！
妳怎麼知道我想喝這種酒？
真的!!今天挑這款真讚！
對啦！
不如我就當個酒醫師吧。
聽完患者的症狀提出最理想的治療與藥方…
SAKE Dr. Marie Chiba
今天感覺如何？
仔細聆聽顧客的期望，從腦中的酒款清單中開出最理想的處方。
今天覺得這樣。
那喝「貴」就沒錯啦。
希望成為酒名醫，聽客人說「這杯酒太棒了！」
現在來到GEM by moto的常客，點酒時幾乎不指明品牌。
初次上門的顧客，只要說出喜好，邊喝邊說感想，我就能找出符合期望的口味。

新宿 第3年

當我開始以化學觀點推薦酒款後，就很想找一個人討論。

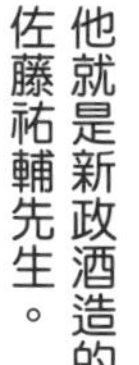

他就是新政酒造的佐藤祐輔先生。

因為他已經取得清酒專門評鑑的專家資格。

佐藤祐輔

他懂得很多書上沒有，或是我參觀酒藏時不懂的專業知識。

還會教導我這些豐富知識與經驗。值得尊敬。

※4VG：4-vinylguaiacol，4-乙烯基-愈創木酚，呈現類似辛辣、花生、咖哩的氣味

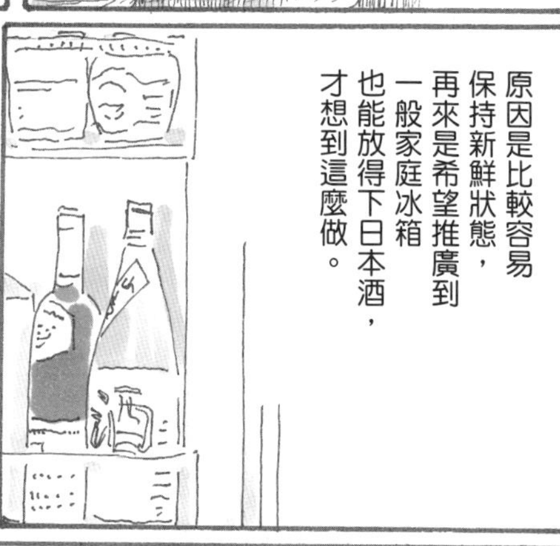

※四合瓶：日本酒容量規格，720cc。另外1800cc的是一升瓶

但是！「只要好喝就行了」的時代就要結束了!!

啥！

喝到美酒時，如果不知道是在哪裡，由哪些人釀造，為什麼好喝。

忽略了這些跟文化相關的背景，實在很可惜!!

因此，酒鋪與餐廳的重要任務，就是說給顧客了解。

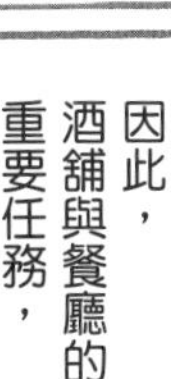

我希望妳用全新的想法拓展日本酒的潛力。

這是我們釀造者辦不到的事。

我們釀造者要秉持理論而非跟流行，與酒面對面，工作時認真思考會對社會帶來什麼影響，什麼才是該重視的。

日本酒業界變得可靠了。

因為有此人。

為了傳達新政的理念，拓展潛力。

GEM by moto提供新政的獨家酒款。

這也是餐飲業界獨一無二。

佐藤先生是超越日本酒釀酒人的藝術家

「麻里絵只要想做什麼就放手去拚！用別人沒做過的事情來批判他人，這才莫名其妙。我可是全日本最失敗的藏元哦！」一路走來，他的這番話帶給我莫大鼓勵。

我們在7年前結識。初次見面是佐藤先生來到我當時工作的新宿Stand酛。那段時期我開始到各個酒藏見習，正是開始慢慢懂得日本酒的階段，對很多事情都有興趣，也有很多疑問，發現佐藤先生用前所未有的觀點看待日本酒的未來時，我對他非常好奇。

我自己用了餐飲界罕見的化學觀點來分析日本酒，因此幾乎找不到人回答我的問題，但佐藤先生非常親切仔細指導我。像是釀造出前所未見的新型態日本酒、有關香氣的知識，還有化學領域之外的種種，比方酒藏故事的重要性、空間設計，以及歷史等等，他都知無不言。同時他也讓我了解到未來性，以及溫故知新的難能可貴。直到現在，每次他有新的挑戰都會和我分享。

新政同時也是率先改用四合瓶的酒藏，受到他的感召，現在GEM by moto進貨也專注在四合瓶上。我之所以能以日本酒為專業，介紹給顧客，未來也持續不斷挑戰，佐藤先生扮演了重要的角色。想到能和佐藤先生在同一個時代身處日本酒業界，就感到驕傲。我也願意和他一起立下簡單的志願，讓日本酒持續發展到未來。

新政 亞麻貓 Spark

釀造商／新政酒造株式會社（秋田縣）

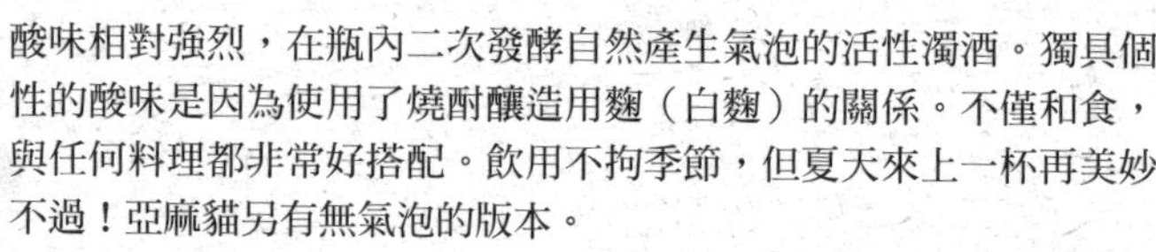

酸味相對強烈，在瓶內二次發酵自然產生氣泡的活性濁酒。獨具個性的酸味是因為使用了燒酎釀造用麴（白麴）的關係。不僅和食，與任何料理都非常好搭配。飲用不拘季節，但夏天來上一杯再美妙不過！亞麻貓另有無氣泡的版本。

麻里絵point

由於瓶內氣泡十分旺盛，開瓶時要特別留意，這一點也顯得討人喜愛。入口後刺激食欲的氣泡感，同時還有粉紅葡萄柚一般的果香酸味瞬間在口中擴散。接下來在美味中閃過疑問，「嗯？這真的是日本酒嗎？」這就是新政最先進的釀造技術。日本酒愛好者當然不容錯過，入門者更要試試！

dot SAKE project Vol.1（猩哥酒標）

釀造商／株式會社永山本家酒造場（山口縣）

千葉麻里絵與日本全國的酒藏夥伴們聯手出擊，以呈現全新品飲方式的構想推出的企劃。

麻里絵point 從「日本酒應該更自由享用」的角度出發，推出這值得紀念的第一款，是由我和「猩哥」也就是永山貴博杜氏共同設計。可以在戶外做日光浴，或是眺望滿天星斗時加冰塊來一杯，或是擠點萊姆汁也很棒。希望大家能用這款酒來打破既有印象，盡情沉醉在全新的風味上。用智慧型手機掃描一下瓶身的QR碼，就會出現釀酒時的情景，以及與釀造人的對談。邊看影片邊喝酒，也是全新的品飲經驗。保證能打開你的「SAKE開關」！

dot SAKE project Vol.2（大碗飯酒標）

釀造商／曙酒造合資會社（福島縣）

第2號作品是釀造「天明」這款酒的酒藏，位於福島縣會津坂下町。

麻里絵point 透過酒商秋山先生的介紹，大夥兒第一次一起去吃飯時，曙酒造的生產負責人鈴木孝市在燒烤餐廳津津有味吃著大碗白飯。這個第一印象令我難忘，加上日本酒正是來自米，就是這麼簡單的心情下推出了這款酒。採用生酛釀造，非常仔細洗米，盡量降低胺基酸，控制不要產生太多旨味。入喉時有一股特殊的「濃醇味」（味道種類豐富且達到均衡的狀態），營造刺激食欲的空間感。這款作品一方面宛如絲綢般細緻，同時還兼具慢工出細活下的強韌有力。

白玉香 山廢純米無濾過生原酒

釀造商／木戶泉酒造株式會社（千葉縣）

使用100%山田錦，採取高溫山廢酒母的自然釀造法。請感受入喉的暢快，以及飲用後的清爽感。品質表現穩定，無論搭配西式、日式、中式料理都得宜。溫飲下的百搭表現更是令人驚豔！

麻里絵point 米的甘甜與木戶泉特有激發食欲的酸味，兩者呈現完美平衡。在GEM by moto會以溫酒提供，已經成了店內不可或缺的一款。就當我苦思該如何讓生酒溫飲起來更美味時，遇到了這款酒，讓我發現原來生酒熟成或溫飲竟然這麼吸引人！熟成生酒隨著不同時間出現的旨味、複雜香氣，在加熱之後該搭配什麼樣的料理呢…光想到這些就讓人好期待。加熱之後喝起來就像是享用高級的高湯。是我強力推薦的一款。

第6章

試飲會與燗酒

2013年
應矢島酒店的阿矢之邀，我第一次參加日本酒試飲會。
矢島酒店 情熱地酒の会
阿矢
試飲會就是很多酒藏會帶幾種推薦酒款，讓來賓試喝。目的是介紹產品和宣傳。

這天到場的都是酒舖和餐廳等業界人士。
對怕生的我來說真挑戰…

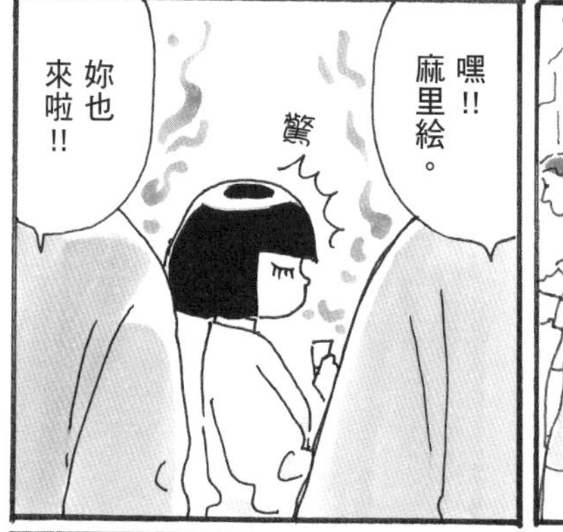
嘿!! 麻里絵。
驚
妳也來啦!!

妳有好好用功嗎？
呃，嗯。
好恐怖。
我們家的酒怎樣啊？
ほうおうびで
小林氏
有推薦的酒嗎？
水戸部氏
妳喝了沒啊？

一群高手竟然圍著那個女生。
而今

欸，麻里絵。
有個厲害的人來了，我想介紹給妳。
阿矢，我的救星！
哼。
我釀的日本酒叫「貴」，酒藏在山口縣宇部市。
我叫永山貴博。
妳呢～不用客氣，就叫我猩哥吧。
貴
長州
猩…!?是猩猩嗎？
我是新宿的日本酒Stand酛的店長，敝姓千葉。
請妳多多指教啊。
對了。
在新宿都是哪類酒受歡迎呢？
像是○○或是□□
那種酒米…
那間的釀法呢…
那間酒藏啊…
那間店呢…
資
訊
資訊
資訊
好龐大的資訊量

資訊
資訊
資訊
資訊
資訊
妳～好～好～加～油～唷～～～
這個人還真是另類耶。
全都記下來。

因為這樣，我到了永山本家酒造場，想到酒藏見習。
好氣派。
我心想，這麼另類的人釀的酒應該也很搞怪吧。

意外!!
單純卻很紮實的口味，不走花俏路線，是很好喝的酒。

我的目標是釀出特級的搭餐酒。

很踏實的一款酒!!

※John Gauntner：美籍清酒研究者，推廣日本酒不遺餘力

其實在千葉縣的試飲會上，還發生了這件事。
賀茂金秀
阿矢，那個氣場超強的人是誰呀？
哦哦哦。

這位是廣島縣金光酒造的人。
幸會。我叫千葉麻里絵。
妳好，敝姓金光。

賀茂金秀的酒有一種像春天嫩草的特殊香氣對吧？
…………

我、我是不是說錯話了啊？
咦？有什麼不對嗎？

又是那女孩…
大西唯克

※瓶燗火入：先裝瓶才加熱殺菌

酒在急速冷卻下會變得好喝唷。
咦——
哇！

日本酒スタンド
酛
moto

打烊後
意思就是說…
裝瓶加熱殺菌之前的是生酒…

過去不會把生酒加熱之後急速冷卻。
←冰水

是因為風味會差太多嗎？
不一樣!!
moto

麻里絵的
溫酒小重點講座
日本酒加熱的優點：
1.讓風味變得更溫潤。
2.突顯酒質。
3.可以調整香氣或酸味。
由於能擴大飲用的溫度範圍，就能搭配各種類型的料理。

幾天後…
唷！
我要
來杯溫酒嘿！
哦，
好的。
生酒
饒舌歌手？
啥——
要加熱
生酒嗎!?
從來沒聽過
這樣搞的!!
太糟蹋啦！
嗯，
不要緊。
請用。
搞什麼嘛——
………
KAI
好喝耶!!
為什麼!?
冷酒的話…
跟我們
某款酒的
味道類似…
為什麼用生酒？
怎麼弄的？
這個呢，
其實啊…
喵…

加熱後生酒的風味會出現變化……

這是藏元在進行瓶燗火入時獲得靈感後，自行研究的結果。

我從賀茂金秀處得知，火入時在加熱後急速冷卻就能保存風味。

什麼!?
到底怎麼回事!?
起身

比方說適合50度左右喝的酒，先加熱到52度，立刻降溫到48度。
接著再加熱到50度。
moto

溫度升高再降低，然後再升高，就會鎖住生酒的味道。
上
下
上
moto
52°C
50°C
48°C
good
酒
騙人！妳根本沒在看溫度呀。

我只是舉例而已。基本上是以香氣來決定溫度。
嗅嗅
聞香氣就知道!?
KA
moto

溫度上升後
聞一下香氣。
快急速降溫～
就是現在～
就能聽到。
很好喝唷～
迅速
是超能力嗎!?

最後再回到
適飲溫度。
太好了。
最佳狀態唷～
為什麼
還要回溫
啊？
※想像圖。

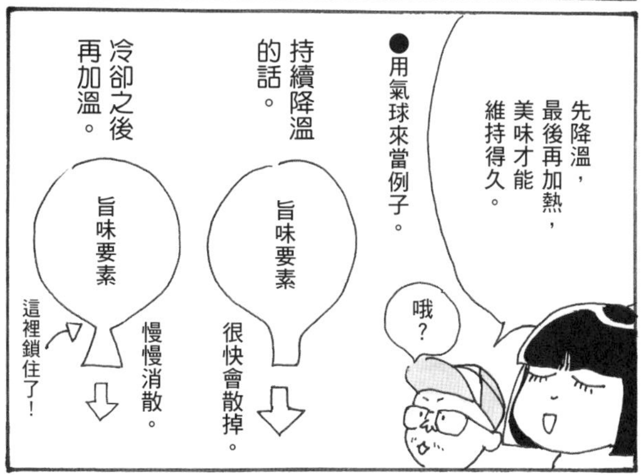
先降溫，
最後再加熱，
美味才能
維持得久。
哦？
●用氣球來當例子。
持續降溫
的話。
旨味要素
很快會散掉。
冷卻之後
再加溫。
旨味要素
慢慢消散。
這裡鎖住了！

呃…
你問得好細哦。
請問是同行嗎？

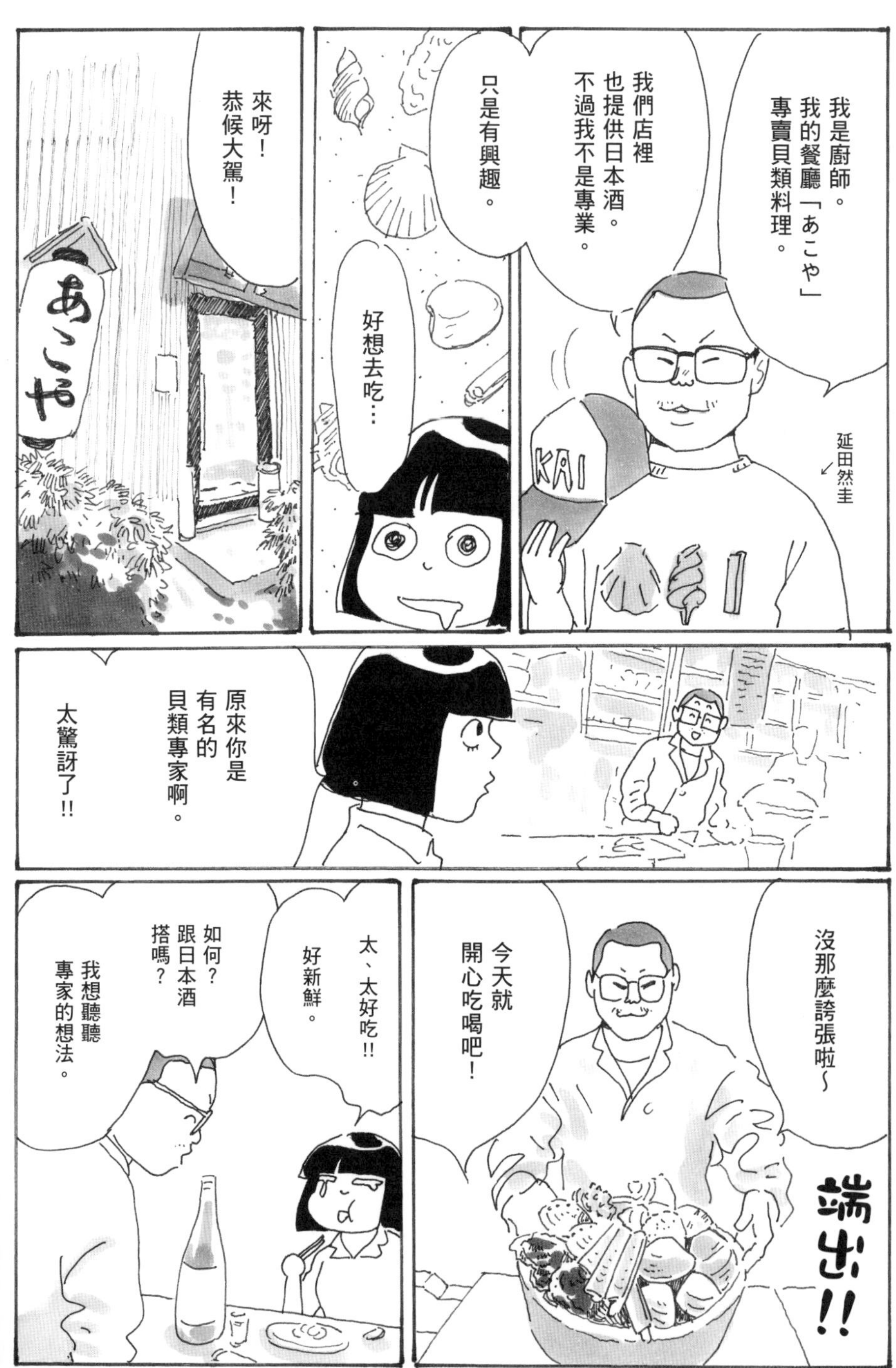
我是廚師。
我的餐廳「あこや」專賣貝類料理。
我們店裡也提供日本酒。不過我不是專業。
延田然圭
KAI
只是有興趣。
好想去吃…
來呀！恭候大駕！
あこや
原來你是有名的貝類專家啊。
太驚訝了!!
沒那麼誇張啦～
今天就開心吃喝吧！
端出!!
太、太好吃!!
好新鮮。
如何？跟日本酒搭嗎？
我想聽聽專家的想法。

以和食為基礎
當然搭呀～
好吃
好吃
不過，
最近的酒口味多樣，
有些多了酸甜口味。
如果要和新鮮貝類
更加合拍。
我覺得在料理中
多加香草或水果，
更能貼近日本酒。

原來如此…
專家的意見
果然有意思。
讓我想想…

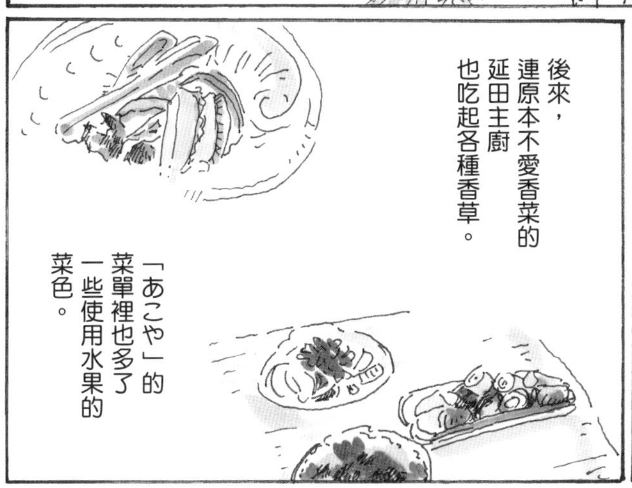
後來，
連原本不愛香菜的
延田主廚
也吃起各種香草。
「あこや」的
菜單裡也多了
一些使用水果的
菜色。

我也常徵詢他
對GEM by moto
料理和酒的意見，
我們成了要好的朋友。

大津流杜氏 永山貴博

其實我是從其他日本酒愛好者口中知道，好像有個叫「猩哥」的人很有名。當時我對日本酒業界一頭熱想要多瞭解，一方面卻連業界專門用語都搞不清楚，經常覺得很懊惱。

等到真的認識這個人之後，他告訴我好多事情，讓當年原先只是熱愛日本酒餐飲界員工的我多了很多努力學習的方向。我還記得，我立刻就成了他的小粉絲。

現在，他就像我的大哥，除了釀酒以外我們也會商量很多事，經常一聊就是一整夜。我能一路走到今天，真要感謝多虧有了貴哥。

他開朗的個性，總是為身邊的人帶來笑容，骨子裡又非常細心，經常注意到小節，待人親切。我覺得這樣的人品也會展現在他釀的酒之中。

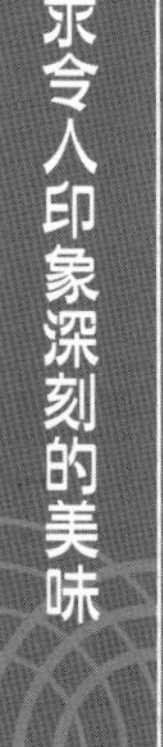

7年前的我心想，我非常喜歡「賀茂金秀」的酒，如果有機會認識釀酒的人，有好多事想請教！我鼓起勇氣參加試飲會，沒想到第一次見到金光秀起先生，他的氣場強大到讓我根本緊張到幾乎說不出話。

賀茂金秀四平八穩且看似貫徹到底的口味中，帶著一絲若隱若現的溫柔，是來自哪裡呢？我提出這個疑問。後來，我知道金光先生害羞木訥卻腳踏實地的個性之後，深深體會到酒會忠實呈現出釀造者的性格呀！同理可證，賀茂金秀的口味也呈現出金光先生的個性。

金光先生在釀酒時目光銳利，有股令人難以靠近的威嚴，但只要一收工就展現風趣的一面，還會秀出家中可愛貓咪的照片。我猜他一定會要我別寫太多他的事（笑），但希望各位一定要嚐嚐賀茂金秀絕佳的美酒。

賀茂金秀 特別純米酒13

釀造商／金光酒造合資會社（廣島縣）

酒精濃度13度，歸類在低酒精的日本酒。這類日本酒因為酒精濃度接近葡萄酒，加上口味清爽水潤，很多會呈現出類似葡萄酒的風格。不過，這款可是不折不扣的日本酒原酒，非常珍貴，可充分感受到日本酒的精湛之處與美味。

麻里絵point 擴散的旨味～
一入口的清爽氣泡感令人心曠神怡，喉韻清新純淨。
以銳利的酸味讓米原本的濃豔香甜變得輕盈，加上酒精濃度低，成了一款可以和朋友三兩下喝掉一支的日常酒。請各位一定要試試鍍金光杜氏展現本領的這款佳作。

燒貝　あこや

店主 延田然圭

距離JR惠比壽站步行約2分鐘。店內有寬敞的吧台座位，環境舒適，每天晚上都是高朋滿座，人聲鼎沸。使用的食材都是店主親自到市場、漁港挑選進貨，店內一律不使用冷凍或加工產品，隨時都有新鮮貨！無論食材或酒款，都展現出店主的堅持，是一間能夠享受到幸福美食的好店。

麻里絵point 我和延田老闆從在新宿時就認識，我們老是聊日本酒、料理，他是我一起精進的好夥伴。私底下他也是個很照顧我的前輩。有一次，我為了一場合作活動連續好幾天試酒到半夜，到後來竟然聽到酒在講話的聲音!?這下我知道事情不妙了，趕緊打電話給延田先生，「該怎麼辦啦？」雖然是三更半夜，他還是搭了計程車從高圓寺衝到惠比壽來。表面看不出來，其實這個人非常有男子氣概又體貼（笑）。他追求百分之百的美味，不斷學習新知的態度，讓我非常有共鳴。希望未來我們也是彼此砥礪進步的好夥伴。

〒150-0022 東京都澀谷區惠比壽南1-4-4
電話：03-6451-2467
18:00～24:00 不定期公休

あこや 太羽魚貝料理專門店　台灣

東京惠比壽貝料理專門店「燒貝あこや」的台灣高雄分店。從東京豐洲市場以及北海道採購新鮮食材，加上日本專業廚師的技術，呈現和食的精湛美味。以魚貝類為主的定食及單點菜色，店內並常備二十款日本酒，讓顧客享受日本的季節美味。

高雄市左營區博愛二路777號 漢神巨蛋4樓
電話：07-522-3005
營業時間：11:00～22:00（週五、週六營業延長半小時）

第
7
章

參加過矢島酒店
舉辦的試飲會之後，
認識了很多酒藏藏元。
貴
長州
長
金秀

還有而今的
大西唯克先生。
就在我到
木屋正酒造
合資會社見習時…
妳很搶眼唷。
而今

和食品公司出身的
大西先生聊化學
聊得很起勁。
請讓我
稱您
老師。
此後我都叫他
「大西老師」。

日本酒Stand酛
已建立起品牌知名度，
甚至在開幕3年、
5年時還舉辦了
週年慶祝派對。
我也一頭栽進
日本酒的研究。
沒有盡頭…
SAKE
食品
化學
醫學

那段時期，
會和我一起討論的，
就是新政的
佐藤祐輔。
以及大西唯克。
而我們聊的主題…

圍繞著日本酒的異味（4VG）。
為什麼會出現這種香氣啊？
所以還是要聞起來沒異味才對啦！
我也這麼覺得。
以業界來說是這樣沒錯。
但有時候要考量到它搭配料理。
有多點層次不也很好嗎？
咦!?不是說不能有異味嗎！
你這個牆頭草！
有沒有人研究去除異味的啊!?
話說回來，因為不曉得化學上是什麼原因。
嗯嗯嗯
但燒酎或泡盛古酒倒有人去研究刻意製造異味中的香草醛。
刻意製造？
還有這種研究？
不可原諒
而今的酒幾乎聞不到異味吧。
不必這麼激動啦。
隨時都有必須克服的課題呀!!
沒錯。別瞧不起理組的——
咦——!?是在演哪齣？

日本酒stand酛
紀念派對
今天非常謝謝
各位嘉賓光臨。
川鶴 川人裕一郎
平井社長
鳳凰美田 小林正樹
仙禽 薄井一樹
而今 大西唯克（短袖襯衫．牛仔褲）
麻里絵
偷偷摸摸
幹嘛？
來試個酒。
咦？
現在!?
如何？
有那種
氣味嗎？
酛提供了
日本酒入門者…
貴 永山貴博
可以輕鬆品飲，
又了解日本酒的地方…
……
我覺得
消失了耶。
真的嗎？
有認真喝嗎？
天明 鈴木孝市
萩乃露 福井毅
太棒啦！
噓

接下來有請木屋正酒造的大西先生說幾句祝福的話。
咦？
呃～
我剛跟麻里絵說了。
終於在麴室裡安裝臭氣設備。
啥!?
咦？是在講啥…
這不是賀詞吧。
這下子酒的品質更上一層樓！
好吧…
全場傻眼
能順利發展嗎？
風水輪流轉
現在反倒希望有一點點異味呢。
就像能接受對方的體味才是真愛哪。
兩個牆頭草！
我要繼續提升到完美！
雖然常狀況外卻懂得真正好酒的男人大西唯克，後來也挑戰了生酛釀造…

新宿第3年
這時店的評價也漸入佳境。
酒的大小事就全交給麻里絵嘍。
好的!!
島田店長
希望打造成對日本酒入門年輕女性友善的店家。
目標是讓女性獨自就能輕鬆入店!
歡迎新顧客光臨!
理想。
然而現實是…客人多半還是業界人士或是從以前就熱愛日本酒的人…
賣弄知識
……
賣弄知識
那間杜氏是我朋友。
賣弄知識
愛現
感覺氣氛不太對耶。
走吧。
裝內行
裝內行
裝內行
狂熱份子
不行!該做些改變才對!!
啊，我喜歡這款!!
哦哦，這款啊，其實去年的比較好喝啦。
A酒
您覺得今年的新酒如何?
今年的啊～
呃，也是啦…
這、這樣嗎?

感覺好像甜了點。
普普通通啊。
口味變ㄉ了呢—
這種時候呢，只要搭配重口味的料理就能夠加分哦。
試試看搭這道小菜看看。
ナメロウ
會有差嗎？
酒是經由發酵釀造的生物。
原料是米和水，都會受到天氣變化影響。
不可能每年釀出完全相同的酒。
哇！
好搭。
這口味太棒了！
所以每年口味不同。
對了，有位新婚的杜氏因為發呆，攪拌過了頭釀出很甜～的酒唷。
這是我聽說的。
好有趣，每個細節都很重要呢。
唔。
小姐，妳在喝新政啊？
老牌子的酒，不好入口吧？
察覺
咦!?
有、有這種事？
過去的新政嗎？
以前的口味不清楚，現在可是很棒唷。
要不要試喝一點？
跟各種料理都好搭。
哼。
最好是!!
好、好喝！

這聞起來很怪。
這支生酒放了超過半年耶。
是不是變質啦？
妳看！味道也不一樣了。
我們跟酒舖的溫控都很精準，不太可能變質。
搶過來
這是異戊醛的氣味，是生酒在熟成過程中釋放的香氣。
CH3 H H3C O
千萬別跟變質的氣味混為一談唷…
異、異戊…？
有沒有熟成的味道？
……
咦咦!?
好、好喝耶~
請同時感受口味的變化。
呃，好。
哇~
日本酒真有意思。
吵雜
議論紛紛
有各式各樣的飲用方式呢。

隨時留意店內是否出現對日本酒負面的話題。
保護入門者不受愛賣弄大叔騷擾。
期許成為待起來舒服的店。
初
初
賣弄

同時我發憤研究日本酒，讓自己能應付業界人士刁難的需求。

結果，日本酒Stand酛採取立飲。雖擠滿整間店，所有顧客還是喝得笑容滿面。

果真成了待起來舒服的店。
我又來啦。♡
拍個照片。♡

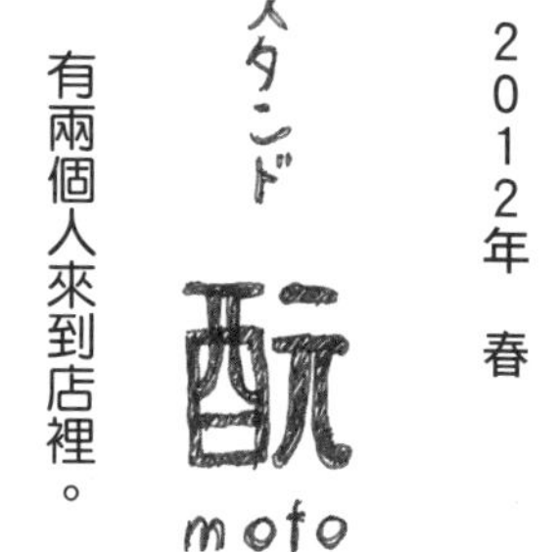
2012年 春
スタンド
酛
moto
有兩個人來到店裡。

大哥，就是這裡。
嗯。
兩位歡迎光臨。

第一杯想喝什麼呢？
下午3點多
我就來杯「貴」吧。

這傢伙釀的酒還不差嘛。
對呀。
哇呀——我最怕遇到這種客人啦。

貴今年啊⋯
他們的田⋯
哪有正常人在平日大白天穿著西裝來喝酒啊。（by年輕麻里絵）

下午4點多
妳好啊——
來了可靠的客人——
七本鎗→富田泰伸
啊！富田先生。歡迎。

麻里絵，妳搞什麼呀!?
他們是喜久醉的青島先生和會津娘的高橋先生呀。
唷。
嗨。
喜久醉 青島孝
會津娘 高橋亘
啥!!
是…是酒藏老闆…
當場石化

下午5點多
多謝招待。
人聲
鼎沸
請原諒
我的失禮。
第一時間竟然
有眼不識泰山。

別這麼說。
我已經成了
妳的忠實粉絲啦。
怎麼
回事？

後來
我透過大阪
「山中酒之店」
井上老闆的介紹，
前往靜岡縣的
青島酒造見習。
喜久醉

釀酒的成敗
全都在清洗。
清洗工具，
清洗酒米，
釀酒後又要
清洗工具。
我們
榨酒的酒袋
用清水洗10天，
直到完全
沒有氣味。
靜岡的優勢
就是水多！

簡潔又細心的釀造，
感覺去掉了所有雜質!!

呃，您還記得之前有到過我店裡來嗎？
喔，那個是阿亘邀我的…
我對他的信任是百分之百。
釀酒季結束後就要種稻，一年能放鬆的時間還不到二個月。

所以沒什麼機會跟餐飲人士面對面。
上次算很特別。
看到妳工作的模樣，
讓我感受到妳很認真看待日本酒。

我老是太投入…
雖然也常失敗
難怪青島先生說成了我的粉絲…

後續
青島先生誇獎我耶。
說很喜歡我的工作態度。
会津娘
喔喔喔，他說過很喜歡麻里絵啦。
因為妳皮膚白。
啥!?
搞什麼？
呃…他說的嘛…
因為妳皮膚白…
SAKE

大西先生就像個小男孩……

當初是千葉的酒舖矢島先生帶著而今的大西唯克來到我在新宿的店，我們才認識的。那次我們聊了很多，之後也很幸運，常互通簡訊向他請益。

大西先生在回到酒造之前從事的是食品相關的工作，他在學校時念的也是理工科系。我們倆都不擅簡訊往返，因此我們片段式的對話在別人眼中可能像是暗號，但因為有理工科的共同背景，就能從化學的觀點上達到互動。另一個共同點就是對日本酒的熱情。

照片 左起：千葉麻里絵、佐藤祐輔、大西唯克

大西先生擁有男孩般的心境與外表，但他的個性其實是個相當頑固的老頭。一旦決定了要達成的目標，他會徹底研究，一個勁地勇往直前。在提升現況的同時也常保挑戰精神。每年我到酒藏參觀，看到大西先生專心致志釀酒的模樣，都忍不住熱淚盈眶。也不住自省：我有沒有好好讓顧客體會到這個人釀造的酒呢？每次都提醒我不忘初衷。

不受到過去的束縛，也不受到未來的限制，只努力專注在今朝。秉持完美主義卻又有些笨拙，充滿人情味的大西先生，正是「而今」的化身。

令人喜悅久久又陶醉的酒

我在結識喜久醉的青島孝先生之後，透過山中酒之店井上先生介紹，有機會前往酒藏見習。當時我剛開始研究日本酒，青島先生的話對我來說非常新鮮，令人印象深刻。那段時間我對於日本酒的學習只專注在技術和化學方面，差點遺忘了初衷，多虧有了青島先生的一番話，至今回想起來仍由衷感謝。

青島先生秉持三項重點：「專注這塊土地上能做的」、「手工釀造」、「自行栽種酒米」，費盡心思，在守護前人教誨與經驗下持續釀造，這樣的態度令人動容。在這個釀造方式五花八門的時代，看到他堅持「守住自己的使命，持續不變」的態度，更教人肅然起敬。我希望自己在推廣日本酒的同時，能銘記不斷向青島先生求教、學習。

當我內心的想法或展現的行為變得模糊不清時，喝一杯喜久醉，就能找回勇往直前的感覺。

喜久醉 吟釀

釀造商／青島酒造株式會社（靜岡縣）

帶著高雅且細微的香氣，溫和順口非常易飲且尾韻俐落的一款酒。跟各種料理都好搭配，溫度提升到常溫左右的潛力更是驚人。

麻里絵point 大家經常會說，日本酒非常纖細，口味容易有變化，但很奇妙的是無論何時喝到喜久醉，總讓人放心，是不變的美味。題外話，這也是我自己隨時常備的酒款。低調的香氣，入口時緩緩感受到米的甘甜，讓我深深體會到自己身為日本人的DNA。

會津娘 純米吟釀 羽黑西64

釀造商／高橋庄作酒造（福島縣）

僅使用自家公司稻田——地號羽黑西64這塊地的酒米來釀造的限定酒款。帶有濃郁的香氣，入口瞬間會覺得宛如水果的旨味很強烈，但接下來只留下淡淡的尾韻，感覺清爽。適合搭配各式料理，愈喝愈好喝。

麻里絵point 入口瞬間先有股水潤與驚喜，接下來平順的口味令人有種信任感。會津娘的高橋亘先生每每在釀造時會先從「酒米」開始構思。因此，酒標上一定會標示米的採收年度以及釀造年度。這間酒造的作風就是重視米的差異，以及用不同酒米釀造下隨著時間流逝變化的口味表現。

七本鎗 純米無有火入

釀造商／富田酒造有限會社（滋賀縣）

使用完全不使用農藥的酒米「玉榮」來釀造的酒款。「無有」這個名字的意思是以無農藥來創造新價值之意。

麻里絵point 第一印象感覺粗獷豪邁的酒款，但多喝一些就會發現其實是內在很纖細的酒。一入口就會感受到水質的柔順與溫暖，讓喝的人感覺全身放鬆，接下來自然而然就想配點食物了。常溫或加熱皆宜，但我個人推薦溫飲。無論在餐廳或是在家中，不用太拘泥實際溫度，稍微熱一下輕鬆喝就行。最適合搭配像是湯豆腐、紅燒小芋頭這類讓人從心底暖起來的下酒菜。

第8章

酒食搭配

2015年
公司在惠比壽開了新店。
我受命擔任店長，
而且負責整間店的規劃。
日本酒スタンド
酛
moto
概念是打破
傳統日本酒的印象，
讓年輕女性
也能輕鬆享受
「料理與酒的搭配」。
GEM by moto

於是，展開了菜色的開發……
靈感優先！
想到什麼就做!!
麻里絵流 料理開發

以前在新宿時也是……
CHOCO
巧克力
桃子的香氣
肉
就麻煩你嘍。
當時的主廚 天野直生
什麼鬼啊……
唔～～～……

當然GEM也是
馬・種子・香菜
馬蹄躂躂
我是和食的廚師耶!!
種子——!?
GEM主廚 深津麻紀

搭配日本酒的料理必備要素
by麻里絵

●日本酒所沒有的
- 香氣（香草類）
- 酸味與甜味（水果等）
- 香料（山椒、胡椒一類）
- 油（橄欖油等）

※如果是精米程度不高的酒，溫熱之後會變得油潤。

這支濁酒，真想讓顧客也嚐嚐看…
真是太好喝了。
咦——濁酒!?
我是喜歡日本酒啦…
是那種濁濁的酒吧？
SAKE

大眾很容易對濁酒有負面印象，我希望能扭轉，帶動流行…
要能用人人耳熟能詳的料理來搭配。
烤雞肉串
洋芋沙拉
炸雞塊
乳酪
堅果

要營造搭配時的「驚喜」…
帶點油脂的食物跟有氣泡的濁酒搭起來也不錯。
就搭麵衣酥脆的油炸料理吧。
啤酒最搭炸火腿！
麵衣酥脆的油炸下酒菜經典款是…？
Sherlock

有濃郁香氣跟鹹味更好，於是加了藍紋乳酪。
再用黑蒜當作整體的提味。

希望能在口中調味。
請把濁酒當作醬料，喝一口。
哦？
●味道形狀
藍紋乳酪炸火腿
+
濁酒
=

※示意圖

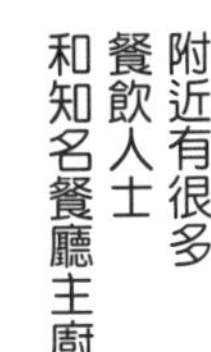

大概
因為開店地點
在惠比壽。
GEM
by
moto
附近有很多
餐飲人士
和知名餐廳主廚。

他們對日本酒
和料理搭配
感到有趣。
讓我很驚喜。
這種酒食搭配!
很有意思耶!!
謝謝您，
請多指教。
附近的主廚
武藤俊一
BBQ610

因為
這樣的契機，
後來也和
許多不同
領域廚師
有機會合作。
沒問題!!
幫我店裡的
料理搭個酒吧。
森枝幹主廚

曾經合作過的主廚群
LA BONNE TABLE
中村和成主廚
Sio
鳥羽周作
主廚
Ode
生井祐介主廚
Celaravird
橋本宏一主廚

還有，
壽司喜邑的
木村康司師傅

有位常客要辦餐會，問我想不想參加。
是米其林星級的壽司餐廳，熟成壽司很有名。
壽司 LOVE
我好想去!!
←常客本田先生
餐廳可以帶酒。既然這樣，就由我來準備日本酒。
酒就交給我了！10個人的話，大概8支一升瓶吧…
太棒啦！
GEM
『壽司喜邑』我先傳簡訊聯絡店家。
可以送酒過去嗎？另外我想溫酒。
酒送來沒問題。但我沒有溫酒的工具唷。
那麼我連工具一起送過去。

幾天後
酒到了⋯
沉重!!
還有信?
木村師傅
○○請前一天開瓶後放進冰箱。
☆☆請開瓶後置於常溫。
□□不用開瓶置於常溫。
其他全部先放進冰箱保存，
麻煩您了，謝謝。
啥!
這到底搞什麼呀——!
すし
雖然我事先問過菜單。
但對於「熟成壽司」很陌生。
當天提早一個小時到餐廳跟師傅商量。
您好，幸會。我是千葉麻里絵。
我是木村。今天還請多多指教。
要吃吃看嗎?
咦!?可以試試嗎?
請用。

熟成壽司啊，真好吃耶!!
這個嘛…
我覺得應該搭這款酒。
請用。
嗯？很有意思哦。
但是不是再多點酸味會更好呢？
可以調整唷。
重新加熱帶出酸味
哦哦！
感覺會是個很棒的餐會呢…
那我就在出餐前先試試，然後每一道當場搭配如何？

麻里絵
當下並不知道，
這句話
之後會造成
多大的影響。

和樂融融的晚宴持續進行…

第2道 第3道…

第4道 第5道…

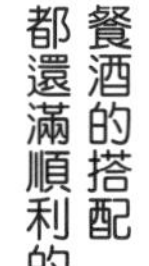

餐酒的搭配都還滿順利的…

第8道…
嗯嗯，糟糕了…

ANO
要是有把那款酒帶來就好了！

剛好沒有能和料理搭配的酒，有點尷尬…

其他的都不怎麼樣…

果然…

還要多一點甜味才對…
A
B
用這個又太甜了…
就沒有剛剛好的。

下一道是什麼呢──
關注

沒有的話…
豁出去
A酒
B酒

嘿呀！
乾脆自己調吧管它的！
就算失敗也無所謂啦。

提心
吊膽

好像可以耶…

嗯。
我覺得很棒。
調出好味道了!!

勉強能過關了…

可是!!
料理進入尾聲時，搭配的酒也要見底。
慌張
失措
好有趣哦——

酒中含有的甜味、酸味、苦味、旨味。
酒中沒有的鹹味、油味、香料味。
腦袋運轉
現在需要哪一味？
跟這貫壽司搭配起來…
有點辛辣的香料會很棒!!
木村師傅，有胡椒嗎？
有是有…要做什麼？
撒
撒
請試試看這個。
啜
吃
放心啦，不要緊！
呃，嗯。
哇～～～
搭配起來變得有層次耶～～
成功！

沒試過這種。
很不錯耶。
整場氣氛歡樂融洽…
餐會在一片好評中結束，參加來賓都讚不絕口。
但!!
總共花了5小時!!
嗚嗚嗚
不好意思!!不好意思!!
很棒耶！
太有趣啦！
調酒、加味，這些大家耳熟能詳的麻里絵式日本酒搭配，就是在這一晚觸發的靈感。
沒想到變得像激烈比賽…
腦袋完全被淘空…
後來這場活動變成例行性。參加的藏元有貴、七本鎗、新政等處，但他們對「調酒」、「加味」也很支持，「妳就放手嘗試吧！」
放膽試！
上吧！
上呀!!
好的!!
七本鎗
富田泰伸
貴
永山貴博
新政
佐藤祐輔

這樣太過保守，應該要更積極進攻

我第一次遇到木村師傅時就感受到他強大的氣場，與其說是想跟他合作，不如說有種毫無根據莫名的自信，覺得跟這個人共事一定會很有趣、很精彩。

整場餐會中我都感受到強大的壓力，當下百分之百的專注。令人開心的是壽司當然好吃得沒話說，而且木村師傅對我搭配的日本酒沒有一絲妥協。

「再多一點這個味道感覺比較好。」「這樣太過保守，應該要更積極進攻！」整晚持續這樣的互動，讓我情緒激動到隔天早上都睡不著。從那一刻，我就下定決心像個小妹賴著木村師傅大哥（笑）。

木村師傅從我認識他到現在也完全沒變，總是那麼認真、那麼親切，腦袋裡永遠思考的只有做好壽司。無論面對工作、面對人群，始終率直真摯。為了回應木村師傅嚴謹的態度，第二次合作餐會我如履薄冰，繃緊神經，將香氣、光線等五官所有感受都連結到腦袋，最後連時間都忘了。這般難得的體驗至今成了我寶貴的回憶。

接下來我願和這位最愛的大哥共同精進，目標放眼全世界！

餐會當日餐酒搭配

1. 青柳蛤、蛤蜊、石蓴清湯 ×磐城壽　土耕釀
2. 帶卵小巻炙燒 ×花巴　水酛×水酛　貴釀酒
3. 蝦膏 ×仙禽　全麴仕込3年熟成過2週波本桶
4. 蟹鹽辛佐山椒 ×鳳凰美田　純米大吟釀與粕取燒酎特調之橡木桶熟成
5. 熟成竹筴魚押壽司　佐梅、紫蘇、芝麻 ×開春　醪＆花巴山廢純米25 BY特調
6. 鮟鱇魚肝與發酵奶油抹麵包 ×開春　俔＆新政　橡木桶2年熟成特調
7. 魚白燉飯×花巴正宗　樽丸
8. 炸5日熟成竹筴魚 ×蒼空酒醪與自家熟成的「民宿遠野」濁酒酒醪醋＆花巴　南遷
9. 鯨肉畝須部位　佐韓式辣味噌 ×睡龍　十年熟成　搭配少許甲斐釀造廠的Delaware
10. 海參卵巢鹽辛蕎麥 ×開春　木桶仕込ＯＫＥ09 搭兩滴Henri Giraud香檳
11. 清蒸金目鯛與九條蔥 ×開春　木桶仕込ＯＫＥ09
12. 剝皮魚與魚肝壽司 ×奧播磨　袋榨　開瓶後置於常溫下1週
13. 52日熟成旗魚壽司 ×秋鹿　協會28號（多酸酵母）
14. 河豚湯 ×一博　薄濁生酒2年熟成 撒胡椒
15. 酒粕漬象拔蚌、北寄貝　拌20日熟成酒盜 ×開春　寬文之雫　木桶熟成 撒芥末籽

壽司喜邑

〒158-0094
東京都世田谷區玉川3-21-8
電話：03-3707-6355
週二・四～六
17:30～19:30
19:30～21:30（2餐期）
週三・週日
12:00～（1餐期）
週一公休

開春 寬文之雫 木桶熟成

釀造商／若林酒造有限公司（島根縣）

參考江戶時代的文獻，忠實重現當時日本酒的一款。口味非常甜，但過去似乎會加水稀釋後飲用。想到這是從前武士或相撲力士豪飲的酒，就令人感慨萬千，另一方面，和現在日本酒的口味比較之下也很有意思。

惠我良多的大阪地酒專賣店

我找「山中酒之店」的井上店長商量，說「想找款有點不一樣的酒」時，他推薦給我的就是這支「寬文之雫」。

在店裡收到酒之後，一倒進杯子裡我就嚇了一大跳！宛如蜂蜜濃稠的質地和褐色外觀，令人印象深刻，加上飄散出類似「醬油糯米丸子」的醬油焦香也很震撼。一入口，黑糖般的香甜立刻擴散開來，杉木香氣非常明顯，口味野性奔放！坦白說，最初的感想是，「這要用什麼方式提供給客人？」

我給自己訂了個原則，那就是類似熟成酒、古酒，總之這類一般來說稱不上「好入口」的酒，也絕不能只用一句「變態酒」來打發，我希望能細細品味之後找出能更輕鬆、平易近人的飲用方式。單飲固然不容易掌握，那麼就以搭配的方式來互補，就能昇華到另一個層次的口味。遇到這款酒，更讓我體會到這股信念。

當我決定把「寬文之雫」定位在「調味料」時，先前的迷惘瞬間煙消雲散。而且，這款酒現在已成了店裡不可或缺的一品。我推薦的喝法是先在酒裡依個人喜好撒點胡椒或肉荳蔻，然後吃一口魚再喝口酒，在口腔內完成調味。有機會嘗試一下必定能有愉快的體驗，開拓嶄新視野。

山中酒之店

〒556-0015
大阪府大阪市
浪速區敷津西1-10-19
電話：06-6631-3959
週一～五10:00～19:00
週六及例假日10:00～18:00
週日公休

第9章 麻里絵的汗水

5月上旬。就在全國新酒評鑑會結果發表當天。
GEM by moto
恭喜各位酒造得到今年的金獎！
英君 望月裕祐
賀茂金秀 金光秀起
陸奥八仙 駒井伸介
您好，歡迎光臨！
第一杯想喝什麼呢？
給我清爽一點的。
不過我想喝溫酒。
但不要異戊醛香氣的！生燗也不要!!
NO!
呃…搞什麼…
那葫蘆巴內酯或是多硫化物之類的怎麼樣？
那些也不要！
但經過加熱的都有這些成分。
我會避免生燗出現這類的氣味。
是嗎？

請用。
這有醛的氣味吧？
不是！是酮啦！
這人搞什麼呀!!
明明是醛嘛！
呃。
這個人啊…
都說是酮了！
該不會…
金獎三人組
是酮！
店、店長…
廚房
啊!!
我說是醛
國稅廳
○○○○官
宇都宮 仁
啊——!!
果然是官能評鑑講座的老師!!
在門後
宇都宮老師…
是的。
日本酒評鑑大頭目
我經常參考老師的資料做研究。
議論紛紛
是不是差點暴走!?
議論紛紛
搞砸啦—

老師…平常…也都用這種方式點飲料嗎…？
在賣日本酒的店家…
……
不是…

因為妳是千葉麻里絵…
ビクッ
咦咦咦咦～
來測試她？
※大驚

那、那麼，要不要試試這一款？

這個有異味。
這也是。
那也有。
這也有。
那也是。
老師我知道您的專業是這個…不過…

請試試
和這道小菜
一起搭配看看。
這個。
和這個⋯
還有香料嗎？
香料也請
一起搭配。
嗯～～～
嗯，
好像還不錯～～
不過⋯
那個異味～～
怎麼說呢～～
告辭。
謝謝您
今天的光臨。
啊～～～
我居然做了
這麼沒禮貌的事情!!
⋯⋯
⋯⋯
⋯⋯
完、完蛋啦～

5天後

GTEM by moto

啊～～～
怎麼會
這麼失禮…
太糟糕了。
超絕望
怎麼辦啦
也沒幾間餐廳
能這樣跟
宇都宮老師互動，
他一定會
再來啦。
沒事大怪
是這樣
嗎？
而今
大西唯克

您好歡迎光臨。
啊！

老師還願意
再來…

宇都宮老師，
第一杯想喝
什麼？
要清爽
一點的。

嗯～～～
這有4VG。
那麼，
請喝喝看
這個。
我試試看。
搭這個。
再來試試
這一味。
哦？

這跟台灣的馬告（山胡椒）很搭哦。請試著含一顆看看。
太神奇了…
接下來再換喝一口這個搭搭看。
哦～～～
過去我都只考慮到酒單飲的狀況…
沒想到跟料理很搭呢。
您也這麼想嗎!?
那麼…
可以加些山椒粉到這杯濁酒裡。
這、這是!?
酒中的麴味消除了…是※LEMON ZEST的香氣…
※檸檬皮般的香氣

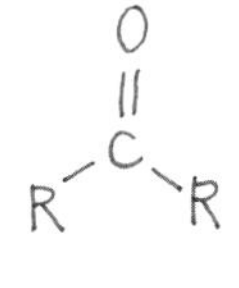

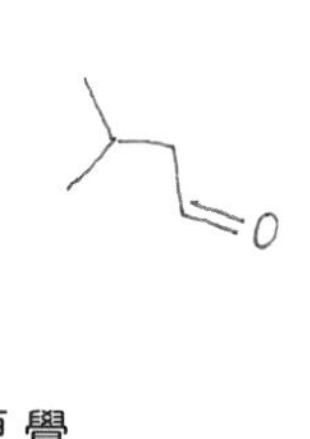

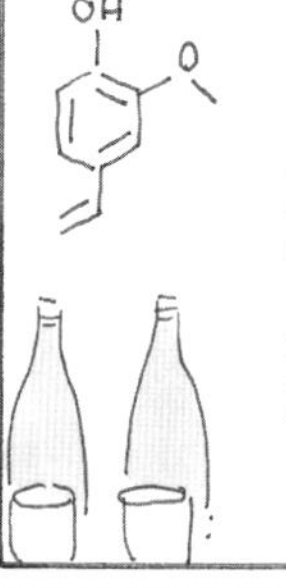

我老是把「異味」
掛在嘴邊，
這是因為我
純粹考量想提升
日本酒的品質。

但光是單一的
美味太狹隘，
還要考量情境
跟情緒層面。

覺得要以
更自由的眼光
來看待日本酒。

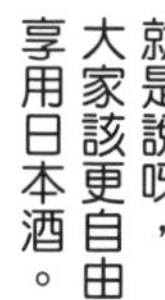

給我一杯濁酒。
然後，要搭配山椒對吧？
哦——！上次那個！

來，再喝一口這個。
？

很好喝吧!?
噢！
marvelous！豪美味啊！

後來我不時跟宇都宮老師傳簡訊，偶爾也會一起吃飯。
燒肉!!

這種油膩的食物，跟7號酵母很搭吧？
一有什麼新發現，就會跟對方分享。
不是呀。應該要搭6號吧？

2011年3月11日
發生東日本大地震，
岩手縣的老家
也是受災戶，
幸好沒有
受害太嚴重。
但一時之間
要回岩手還很困難。
スタンド
酛
moto
爸爸，
還好嗎？
不要緊！
家裡只有餐具
摔壞而已。
麻里絵，
倒是妳看到
久慈先生的
日本酒
影片了嗎？
咦？
什麼？
來自災區岩手
向全國大眾呼籲
再這樣下去，
我們在經濟上
會再次受災。
與其自我約束，
請各位盡量
外出賞花。
然後多喝
東北產的酒，
支持我們。
岩手縣 二戶市
南部美人 第五代藏元
久慈浩介先生
這人遭逢變故
卻仍放眼未來…
太了不起！

在2016年
電影《乾杯！世界戀上的日本酒》稍微露了臉，
因緣際會
要規劃一款日本酒。
一群挑戰傳統的人們
乾杯！
世界が
酒
這部電影中
主角之一久慈先生，
就是我的合作對象。
哦哦！
大明星傳簡訊給我了。
辛苦妳了。
昨天我接到
小西導演的電話。
我會努力達成目標。
有事儘管
找我商量!!
久慈浩介
麻里絵視點
嗯嗯，該怎麼做呢⋯
難得有機會
在南部美人的
酒造釀製⋯
在岩手風格之外
有點不一樣才好吧～
有了！
就走
這種
路線！
嘿!!
麻里絵回我信了⋯
來看看。
這、這是啥!!

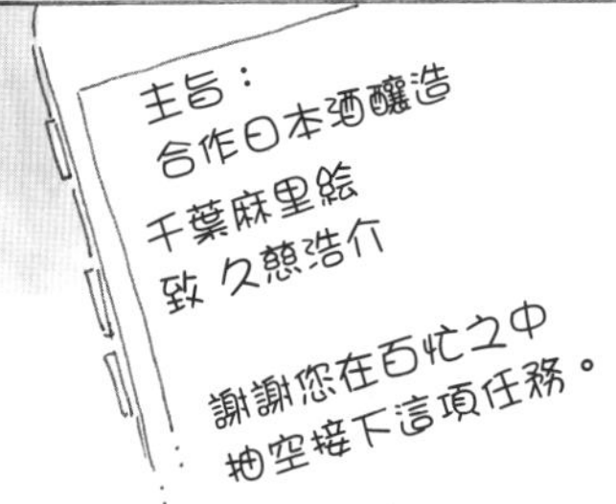

Kampai X南部美人限定酒款的釀造概念

我想像的是天生麗質的岩手女子
在化妝之後變得更耀眼亮麗。
我想釀造出的酒款，
是感覺有點俐落，
不是那種喝不膩的辛口。
用數值來說的話，
alc15.3度，aa0.8 ta1.7
葡萄糖0.8 日本酒度-1～+1
米要用岩手的銀乙女 100%
6號酵母 洗米 Woodson設備
種麴 黑判或白夜
麴 突破精　中箱10公斤裝
麴堆的溫度、時間 47～50小時
火入（加熱殺菌）／
瓶燗（裝瓶後加熱）酒槽／木桶
酒母／速釀

哇呀！
有夠長～

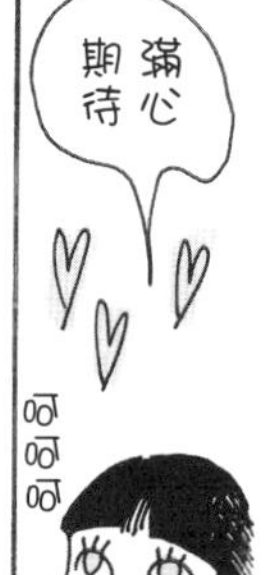

聽說貴社釀造水是中硬度。
請問水中含的鎂和鈣
是哪個比較多？
丙酮酸，有辦法控制嗎？
不好意思，
我的要求好像有點多。
其他細節就一切有勞您了。
之後等我拜訪貴社時
再仔細討論就行了。

其實一般活動中
釀的酒會用山田錦酒米，
呈現出豐富的果香。

展開作業後，
釀造部長田村杜氏
會拍下「酒醪」的照片…

真可愛耶。今天是幾度呢？
呵呵呵
聽說這個人很怪…還不是普通怪。

合作日本酒完成!!
從一星期前就胃痛…

提心吊膽
哇！竟然生出了這樣的孩子！
久慈先生養出了好孩子。
真是太感謝您。

一開始接到那封可怕的信，以為就要完蛋了…
還好我就把它當作情書，一路拚過來了。

久慈先生…

這次合作讓我學了很多經驗，也稍微了解釀造日本酒有多辛苦（雖然不是我自己去釀…）
很高興妳這麼有心，努力試圖了解。

也因為這次的緣分，促成了電影《乾杯！》的續集。而且這次我成了主角之一。

這是另一個故事。

有時候哭一哭也無妨唷

啊哈哈哈哈！永遠豪邁大笑的久慈先生，和我同樣來自岩手縣，是我非常尊敬的一位藏元。因為他經常在媒體前曝光，有極高知名度，我還以為他應該不太想理我，結果他開朗豪爽的個性，讓我才見到他第一面就成了他的小粉絲。果然人與人得相處才真正了解。

極度開朗善良的久慈先生，對於悲傷、辛酸也比一般人了解得更深吧。因此，在我覺得難過的時期他告訴我，「有時候哭一哭也無妨唷。」這句話不知道帶給我多少安慰。總是在全球各地穿梭、活力十足的久慈先生，在我們共事的期間從來沒聽他說過一句「沒辦法」、「辦不到」這類的話。即使面對我有些強人所難的提議，他永遠積極回應，「試試看吧！」熱愛日本、對釀造日本酒感到驕傲，而且珍惜日本酒文化的久慈先生，老是把這句話掛在嘴邊——「無論全世界對日本酒有再高的評價，根源終究來自日本。」

因為這句話，我認為自己最重要的任務就是打造一間最棒的店，讓全世界喜愛日本酒的同好能在日本愉快暢飲日本酒。

這樣不行哦

坦白說，我對這個人的第一印象不太好，雖然有些失禮，但這種一進到店裡就不斷秀出專業術語的，正是我最怕的顧客類型。加上化學上騙不了人的批評，對於熱愛日本酒的我來說更是感到煩躁。不過，在接受過這樣的洗禮之後，深入討論起酒，才讓我感受到宇都宮老師對日本酒那份充滿人情味又帶點笨拙的深深熱情。

老師對日本酒的執著比我想像得還強烈，對於各個酒藏藏元也充滿了感情。有些藏元說老師是用化學來展現他的感情，而且聽起來老是像在說教，話說回來，他們聽著老師的這些話時似乎又很開心（笑）。當老師花費時間仔細嚴謹說明時，感覺非常和善有耐心。

究竟什麼叫好酒？我和老師經常討論這個話題。單純考量日本酒的領域，以及過去包括老師在內其他前人傳承的背景及技術，這些都很重要。不過，一直以來日本酒的評價方式用的是扣分法而非加分法。比方說，要求不能有某一種氣味，對於酒本身的純淨美味是否要求得太過呢？

是否該另外想想加入料理時日本酒能發揮的潛力？就現況而言，廚師眼中的酒多半只是襯托料理的配角。然而，日本酒除了當作陪襯的配角，還能提高餐點的風味，甚至帶來味道上的變化，我希望能讓更多人認識到日本酒能讓味道加成的深厚潛力。

認識老師之後，了解到在化學上努力追求能夠產生的可能性與魅力，讓我由衷相信自己還要再努力。希望我能把這間店打造成讓宇都宮老師覺得一點都不無聊的地方。感謝這段緣分！

陸奧八仙 華想50 純米大吟釀生

釀造商／八戶酒造株式會社（青森縣）

使用青森縣酒米「華想」釀造的地酒。充滿果香、質感水潤，同時又有令人差點忘了這是純米大吟釀的豐富旨味，在口中擴散，不是甜也不是酸，而是另一股不同的紮實口味。這是陸奧八仙產品中最受歡迎的系列，除了生酒之外也有火入版本。是一款優雅華麗又討喜的酒。

照片 左起：駒井伸介、千葉麻里絵、金光秀起

麻里絵point　初嚐到就覺得是無懈可擊的完美滋味，甚至散發出一股冷靜的風情。如果要加上我個人的詮釋來介紹這款酒，可以在入口之後感受到通過喉嚨時的美好喉韻，以及從喉頭反映出的「溫度」。這已經不單只是收尾俐落、餘韻綿長的層次，而是一種發自內心深處的溫柔。駒井伸介杜氏與我年紀相仿，我們經常聊起釀酒的話題。他這個人外表冷靜，總是給人理性的感覺，實際上充滿人情味，對日本酒懷有滿滿的熱情。我覺得在他的作品中反映了他的個性，也蘊藏著對飲酒消費者的感謝。即使他故作冷靜，但只要聽到誇獎他的酒「好喝！」立刻就會忍不住露出男孩般純真的笑容。大家在飲酒時不妨想像著杜氏滿心喜悅的表情。（笑）

英君 しぼりたて（現榨）純米生

釀造商／英君酒造株式會社（靜岡縣）

使用靜岡酵母釀造的純米生酒。因為現榨，新鮮爽快的口味喝起來很舒暢。加上在槽場冷藏，酒質更是純淨。淡淡香氣搭配酸味，帶點微苦，呈現新酒一貫的旨味。此外，也能恰如其份搭配料理，是很理想的搭餐酒款。

麻里絵point　「我要沒有華麗香氣的酒款。」英君酒造的望月先生從7年前到現在，每次來到店裡點酒永遠都是這項要求。英君的酒同樣沒有華麗的香氣，只有一股淡淡的哈密瓜香氣，佐以柔和的酒米甜味。相較於那些一入口就能感受迷人之處的酒款，英君反倒是幾杯下肚之後才發現愈喝愈療癒的類型。美酒無數，但望月先生想必是想釀出能和夥伴一杯接一杯，愈喝愈舒服的酒吧。

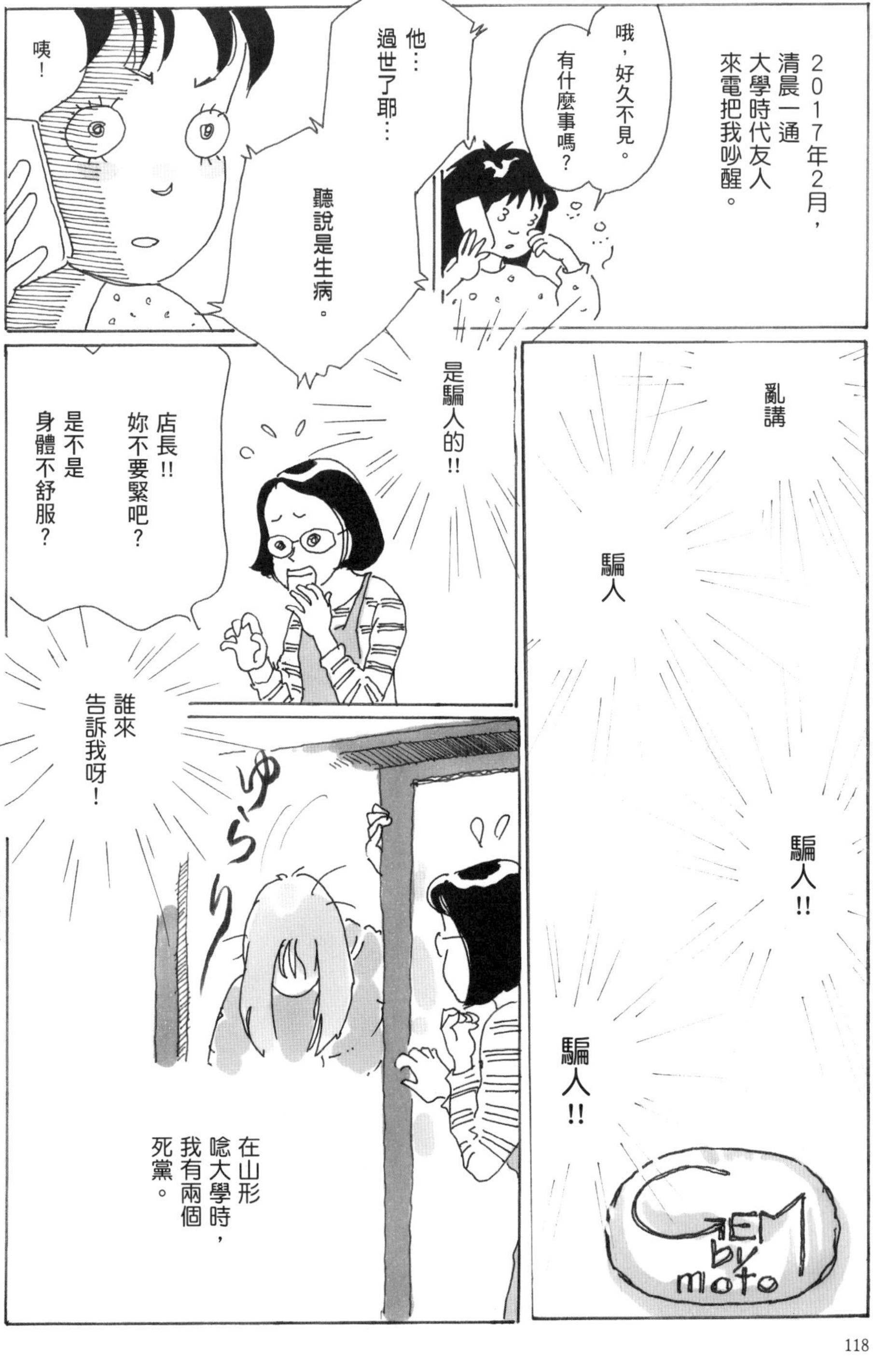

2017年2月，清晨一通大學時代友人來電把我吵醒。

哦，好久不見。有什麼事嗎？

他…過世了耶…

聽說是生病。

咦！

亂講

騙人

騙人!!

騙人!!

GEM by moto

是騙人的!!

店長!! 妳不要緊吧？是不是身體不舒服？

誰來告訴我呀！

ゆらり

※失魂落魄

在山形唸大學時，我有兩個死黨。

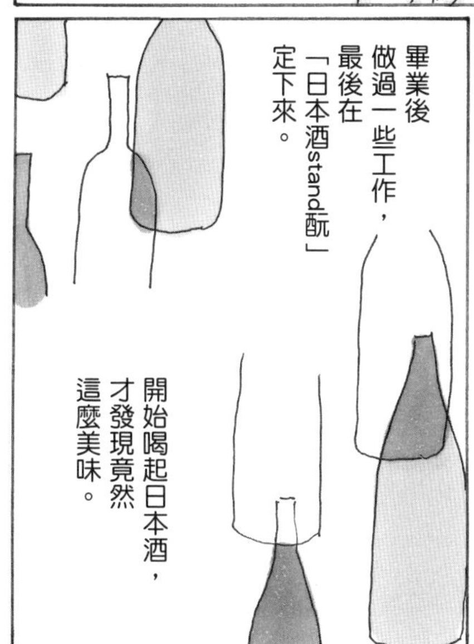

※網路用語，指非常害羞怕生

當我決定從事日本酒的工作時。
スタンド
他還特地從茨城縣來到店裡找我。
酛
moto
我決定在這裡工作了。
希望認真面對日本酒。
日本酒真是博大精深。
……
為什麼辭掉原本的工作？
打這種零工沒辦法生活吧？
這不是份長久的工作呀…
咦！
我還以為…能跟他暢聊日本酒的話題。
可是…
現在我也敢面對他人了…
做起來很有成就感耶。
我知道他應該是為我擔心…
但自此之後就和他漸行漸遠。

店長，我看妳今天還是休假…
搖搖晃晃
這禮拜還有跟餐廳的合作活動…
不能說休就休呀。

綁緊
啪啪

您好，歡迎光臨。
第一杯想喝什麼呢？

我出席了告別式。

市民紀念會館
還帶了他喜歡的日本酒…
日本酒

啊！

哇……
想到你曾經這麼喜歡日本酒…
在愛酒的圍繞之下…
放下
要是我也死了……

您好，歡迎光臨。
第一杯想喝什麼呢？
可以試著搭這個看看。
「我能靠日本酒生活嘍！」
始終沒機會告訴他…
鈴鈴鈴…
哦，是孝市啊。
我4月起又要去東京幾趟。
到時再一起去吃拉麵吧。
福島縣 曙酒造
鈴木孝市

鈴木孝市跟我同年，
比起釀酒，
我們更常聊好吃的。
嗯。
我們都是
大胃王。
妳沒什麼精神耶。
還好嗎？
呃。
我朋友…
他過世了。
好痛。
從口中說出來
才真正察覺到
原來…

我根本沒從
友人過世的
傷痛走出來。
您好，歡迎光臨。
我們營業到11點⋯
啊！
我突然很想
跟妳喝一杯呀。
呼——
還好趕上了!!
孝市!!
天明

打烊後
GEM
by
moto

正忙著釀酒的孝市
特地跑來陪我喝酒。
天明

我最想告訴他近況的說。
嗚……
驚!!

嗚……
嗚嗚嗚嗚~
落淚

嗚哇——
哎呀呀呀……
麻里絵
大哭了——!!

我…我是
希望獲得他的
認同吧…
如果妳朋友
這麼喜歡
日本酒
的話…
一定早就看到
妳在這一行
精彩的表現了。
保證!!
是這樣
嗎？
妳可不能
再這樣
垂頭喪氣了。
相信妳朋友
想看到的…

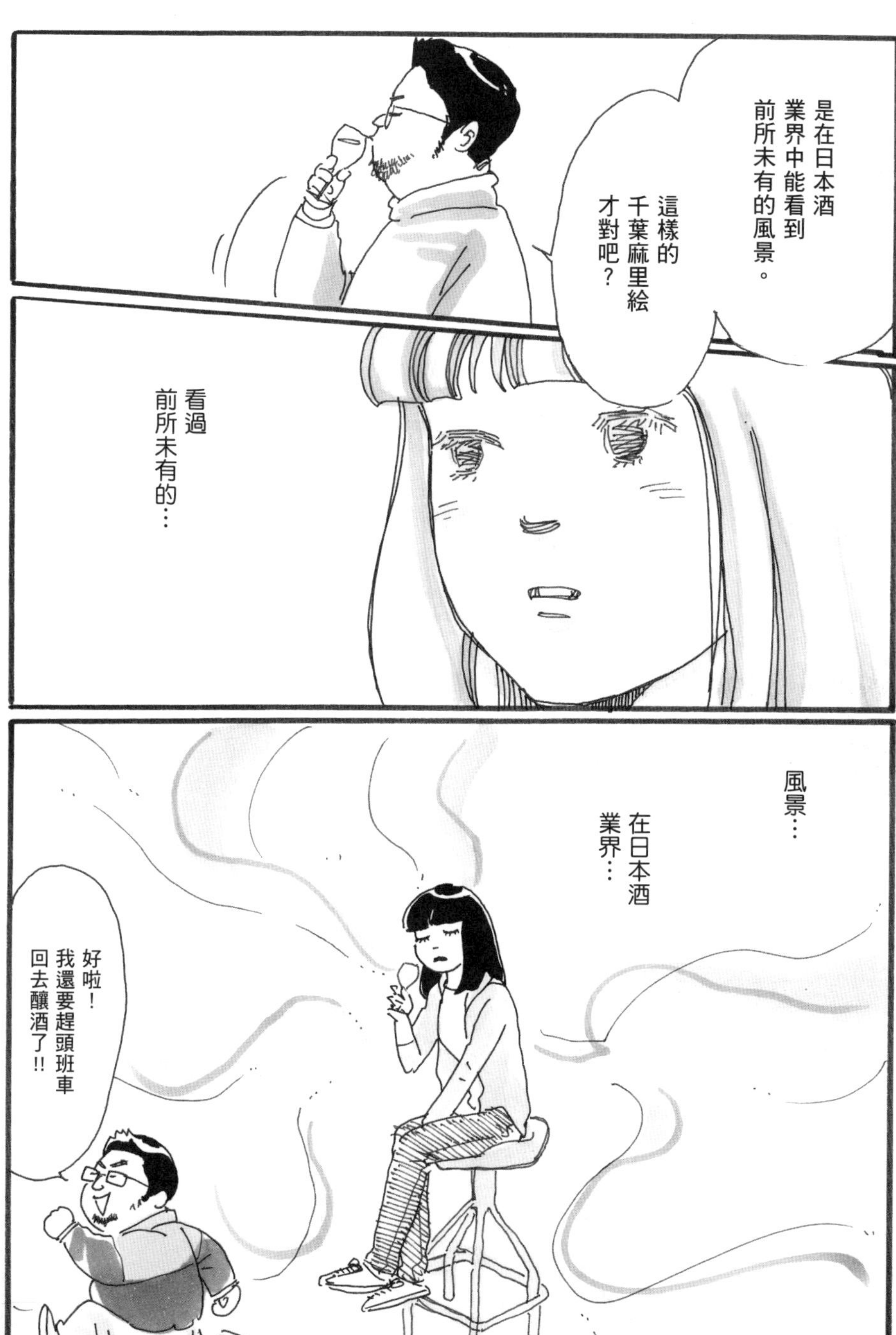
是在日本酒
業界中能看到
前所未有的風景。
這樣的
千葉麻里絵
才對吧？
看過
前所未有的…
風景…
在日本酒
業界…
好啦！
我還要趕頭班車
回去釀酒了!!

放下…
請在天堂守候。
MEM by to
千葉麻里絵起源於新宿一間小店的夢想持續前進。
為了死黨最愛的日本酒，連他的份一起努力。
您好，歡迎光臨。
今天想喝點什麼？

續

在GEM牆上簽名的第一人

我跟天明的鈴木孝市花了很長一段時間才變得熟識。也因為這樣，在彼此慢慢了解之後，現在成了比較像是互相切磋磨練的關係。跟他熟了之後，隨時隨地都能感受到他珍惜家人、夥伴的態度，還有一起打拚的酒舖、餐飲店、福島縣民的感謝之意，全都反映在他釀造的酒裡。看到他認真善良的一面，多年來總是讓我感觸良多，認為這真是個可靠的人。

還有，他從不說謊。正因為孝市是這樣的人，讓我無論是在意志多麼消沉或是歡欣鼓舞的時刻，都能毫不掩飾向他坦承內心話。是我很重要的好夥伴。多虧有他，我才能克服那些傷痛。只是這些話當著他的面也很難說出口……接下來希望我們也能以同年代的夥伴一起迎向新挑戰。

一旦認識就再也少不了的酒

我在8年前喝到「木戶泉」的酒，當時跟現在的印象大不相同。而在這短短的歲月中，日本酒本身與在時代中的定位也自有一段演變。

當時的印象是酸味渾厚且異於一般的酒款。飲用的最佳狀態就是在口味均衡之下單飲日本酒。那時我還沒思考到日本酒與料理之間的搭配，因此下了這個結論，認為這是一款有個性的日本酒熱愛者才會喝的酒。後來，我在純出於興趣之下到酒藏見習，見到藏元莊司勇人先生才知道他跟作品大相逕庭，是個態度謙虛，講起話來很害羞的人。而且他也並非刻意標新立異，只是單純繼承了祖父的作法。

「其實我不太了解其他的酒藏，所以也搞不清楚我們是哪裡特別。我當然也想嘗試新的挑戰，但最根本的主軸不會改變，因為我也只會這種作法。」我能感受到他眼中有著踏實的願景，同時對前前任藏元懷有強烈的敬意。我也是到了酒藏才第一次體驗到不同年份的熟成酒比較品飲，口味的多樣化簡直讓我大開眼界，同時也了解「時間」帶來的重要性。

如今，堪稱木戶泉之寶的熟成酒，已經超越和食，在各類餐廳都成了獨一無二、不可或缺的酒款。讓料理能大放異彩的「變態酒」已經成了「一旦認識就再也少不了」的要角。這就是莊司先生傳承前前任藏元的指導，持續釀造的美酒。今年也推出了特別為GEM by moto量身訂做的蘇格蘭威士忌桶熟成酒，有機會請一定要嚐嚐！

※本文中所述皆為日文版出版當時情況。

心白 Shinpaku bistro & bar 台灣

負責人 溫品自

完美搭配義大利料理與日本酒的餐酒館。以豐富的日本地酒與利口酒為主，不時還有季節商品與限定釀造酒款，選酒特別講究。來到這裡，保證能有嶄新的味覺體驗。

麻里絵point 想要小酌時非常方便的一間日本酒BAR。肚子餓的話，可以點些簡單的義式小酒菜搭配日本酒。

台北市中山區松江路372巷28號1樓
電話：02-2591-0609 營業時間：18:00～1:00 週一公休

酒之秋山

第4代 秋山裕生

酒之秋山於1922年開幕，店內提供的酒款每年都會由店主親自試飲過，並且隨時都以新鮮出貨的狀態供應給顧客。該店也是以冷凍庫保存日本酒的業界先鋒，設定了-8.5度C、-2度C、0度C以及18度C等四個溫度區段，完美保存日本酒。

麻里絵point 我跟秋山先生的交情，從我還不認識日本酒的時期就開始了。他永遠保持謙虛，探尋未知的事物，對於日本酒及藏元懷抱滿腔敬意，這些都讓我佩服不已。另外，每次我有任何問題，他都能鉅細靡遺回答，讓我很驚訝這個人的腦袋裡究竟裝了多少數字。

〒176-0011 東京都練馬區豐玉上1-13-5 電話：03-3992-9121 11:00～20:00 星期日公休

ottimo

店主 中田真志

麻里絵推薦，以客為尊並注重店內氣氛的日本酒小酒館。距離JR大森站約5分鐘，就在大森鷲神社旁邊。雖然是間只有17個座位的小店，卻是一處看得出為何會成為熱門店家的空間。

Ottimo除了豐富日本酒和美味料理之外，「讓顧客在愉悅的空間裡飲酒」這個宗旨從開幕當時到現在始終不變，隨時造訪都令人開心。開幕時期跟「日本酒stand酛」差不多，是少數這麼多年來和我持續保持好交情的餐飲同行。店主中田先生對日本酒當然很熟悉，卻不會一味想灌輸知識給顧客，而是希望讓顧客能自然享受日本酒，並以顧客的角度來推薦。這樣的作法令人信賴，我也一直期許自己能打造出這樣的風格。這裡無論料理、酒款、店主及空間都非常推薦，各位有機會務必造訪！

麻里絵point

〒143-0016 東京都大田區大森北1-25-6 電話：080-3385-4471
16:00～24:00 週日及例假日公休

與伊藤麻子聊聊日本酒

伊藤麻子×千葉麻里絵

經常在公開場合表示熱愛日本酒的諧星伊藤麻子，與千葉麻里絵暢談輕鬆享受日本酒的魅力。

千葉：您好，幸會。我是店長千葉，今天請多指教。

伊藤：今天能受邀來到這麼棒的一間店，真的很謝謝。

千葉：這間店是我自己設計的，到最後還跟設計師邊吵架邊完成。我想把大門漆成綠色或藍色，也被設計師反駁：「漆成咖啡色啦！」

伊藤：為什麼？咖啡色很無趣耶。而且找不到點綴色。現在這樣很好呀，色調感覺很大方穩重。

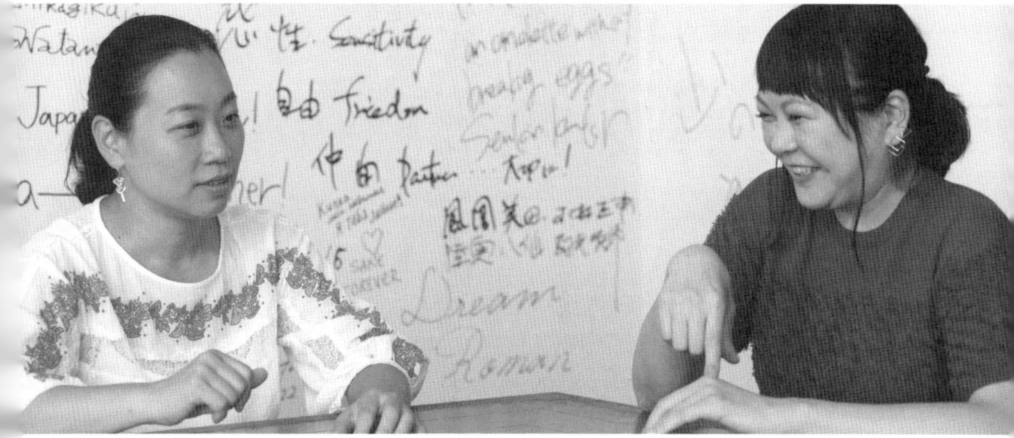

攝影／岡利惠子 髮型・化妝／有吉奈津子 造型／篠塚麻里

千葉：謝謝您的欣賞，我聽了好開心！您平常應該會去很多類型的店家喝酒吧？

伊藤：對呀，到處去。因為我不太在家裡喝酒。因為酒要好喝，有個很重要的條件就是看跟誰一起喝。一個人的話雖然也會喝，大概就是啤酒一罐，有時候覺得很沮喪（笑）。日本酒的話，加冰塊喝個兩杯吧。這要是讓正港日本酒愛好者聽到一定會被罵，居然加冰塊！「要想想杜氏釀酒的心血呀！」

千葉：咦咦!?會嗎？有什麼不可以？我們店裡也會加冰塊唷！當初我會想要開店的動機，就是因為喜歡日本酒，但去其他店裡喝會受到像是「不可以這樣喝唷！」的壓力，或是聽到之後嗤之以鼻，「啥？喝冰的？」但我希望喝酒可以喝得更輕鬆呀。而且是女性隻身也能隨興進入的店家，要有像樣的料理，一走進店裡不會像是傳統賣日本酒的餐廳。這就是我的目標。有一整排1．8公升的一升瓶看起來的確很壯觀，但我們店裡放的都是小容量的720ml四合瓶。

伊藤：以前聽過一種說法，就是有人到賣

日本酒的店家會看酒減少的狀況來點酒，減少得多就表示是受歡迎的酒款。不過有位知名演員告訴我，「那是錯的！」他說最好喝的狀態是剛開瓶。聽他這麼說，我就覺得剛開瓶耶，好像很厲害。店裡放四合瓶的話剛開瓶的機率比較高吧，因為一下子就賣完了。

千葉：剛開瓶的新鮮感，就是那一瞬間的美味。不過，開瓶之後經過一、兩個星期熟成的酒其實也不錯呀。加熱之後溫飲很棒哦。如果要加冰塊，或是喝冷的，確實剛開瓶會很好喝。我們這間店設有-5度C的冰溫室，這種設備在酒藏裡通常會有，不過在一般餐廳裡就很少見。所以我們店裡的酒隨時都保持在最佳狀態。

伊藤：原來那間不是洗手間！是紅酒窖……啊不對，要叫日本酒窖嗎？哇，好厲害。根本是夢幻房間嘛，太讚了！我家裡很多酒都是別人送的，堆得太多往往都會變質。

千葉：如果在常溫下持續熟成，兩年左右酒色就會變成褐色了吧？但在-5度C下緩慢熟成的話，酒色還是呈現透明澄清。就算放了三年，在開瓶瞬間還是會有「啵！」一聲的氣泡聲哦。伊藤小姐對熟成的印象是什麼？

伊藤：熟成？我好像沒想過耶。我也沒有相關知識，大概就覺得酒變黃了吧。

千葉：好的熟成酒可說風情萬種，會讓人感到很震撼哦。如果喜歡日本酒的話，有機會一定要試試看！

也有能夠搭配咖哩的日本酒

千葉：這間店的店名叫做「GEM by moto」，moto這個字是「酛」，也稱為酒

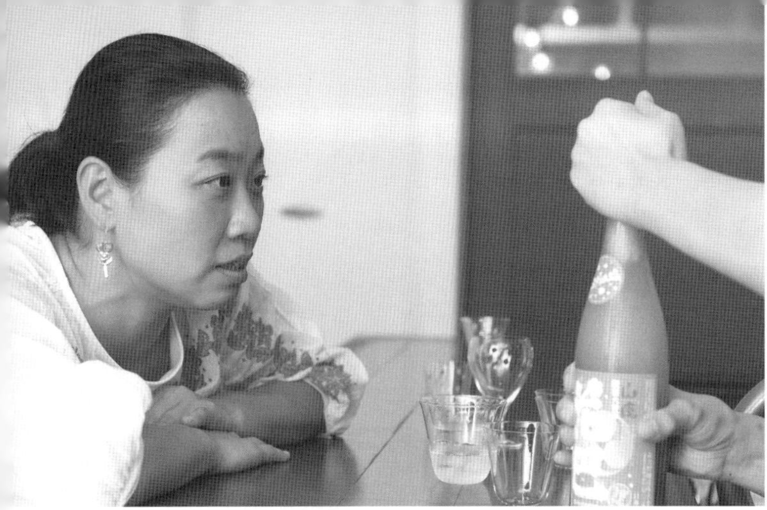

母，是釀酒過程中最重要的要素。店名正蘊藏了「日本酒是珍寶」的意思。

伊藤：日本酒真的是珍寶耶。一直以來大家都這麼說，實際上能搭配任何料理的酒，放眼世界除了日本酒之外也沒其他的。不過，我覺得就是咖哩飯沒辦法搭。因為咖哩飯本來就不適合搭酒吧，所以日本酒搭起來也不怎麼樣。如果只是帶點咖哩味的倒還好。

千葉：有搭配咖哩飯的日本酒呀！喝起感覺像拉西，帶著類似優格的酸味，還有一點氣泡。

伊藤：如果有能夠搭配咖哩飯的酒款，在我心目中就完美了。咖哩真的太有個性了。

千葉：今天店裡有這款，有興趣的話可以喝喝看。能搭咖哩飯的就是這一支。Splash！這是來自奈良的「花巴」。

千萬別心急～花巴

伊藤：「開栓注意！」居然還有警語……最近好像愈來愈多年輕杜氏，這種看起來時髦的酒標也變多了。這到底多會噴啊？底下看起來白白的沉澱物是不是搖一下比較好？

千葉：一搖晃就會整支狂噴哦。**（開瓶）**

伊藤：啊啊～要往上噴了。不行！不行，快關起來！**（旋緊）**呼，還好又恢復了。原來會這樣噴啊。**（開瓶）**啊～又快噴出來了，快點關起來！關上！**（旋緊）**哇～這感覺好像一輩子都喝不到耶。要多久才會平靜下來啊？**（開瓶）**啊！又來了！**（旋緊）**千萬別心急啊～花巴。根本喝不到嘛。到底能不能喝到呢？沒關係啦，噴了我也不怕。嗚嗚，光是看著就愈來愈想喝了。竟然有這種酒，會讓人一直想說「不要緊，不怕」。下面白色的沉澱物也慢慢浮上來了耶。

千葉：這款酒的酸味超讚！也帶點甜味，還有氣泡感。

有時候想馬上喝就會冰到快冷凍的溫度，然後一口氣打開，會噴掉一點就是。哦，好像差不多了。

伊藤：哦哦，有麴的香氣耶……就是之前到酒造拍攝過釀酒時在攪拌過程散發出的那種氣味。還是米的香氣呢？哇～氣泡也太強勁了。香氣好讚哦～

千葉：單喝就能搭配咖哩，但如果再加點薄荷、蒔蘿這類香草，香氣跟咖哩的香料呼應之下，感覺更棒。

伊藤：哦，蒔蘿不錯耶！我喜歡蒔蘿的香氣。薄荷我不行。但如果加了蒔蘿，感覺應該跟鮭魚這類的海鮮也很搭吧？

（加入蒔蘿）

啊，一開始飄散出的是那種柔柔的香氣，放一下之後變得濃郁很多，有種「怎樣？不錯吧！」想要表達自我的感覺。不過還是很溫和。這樣就會想要來片厚厚的鮭魚，用胡椒、鹽和奶油煎到魚皮焦脆之後再淋上這加了蒔蘿的酒。味道有點重更好。就因為這樣才能搭咖哩吧？

千葉：您平常也喝日本酒嗎？

伊藤：當然，我幾乎只喝啤酒或日本酒。不過，我經常跟大久保小姐（※1）出去喝酒，講起來大家可能覺得意外，我跟大久保小姐去義式餐廳通常都是點整支葡萄酒（笑）。普遍講起來，我比較喜歡釀造酒。加上平常又是去日式餐廳多，自然是日本酒喝得多。

從小就喜歡下酒菜…

伊藤：我媽每天一到傍晚就拿個茶杯，裡面放兩顆冰塊，倒了日本酒之後直接用手指把冰塊攪得喀啦喀啦響，喝了起來。小時候我看到這副模樣心想，自己長大才不要變成這樣。結果現在根本一模一樣，這是基因吧！我之所以會走進日本酒的世界，也是踩著父母早就鋪好的路。

千葉：我阿公也很會喝，他一個晚上可以喝掉三升酒。小時候看他喝成這樣，心想絕對不要變成這種大人。

伊藤：真的會這樣想！三升，真的很會喝耶。搞不懂到底在幹嘛。

千葉：不過，念小學的時候不知不覺就愛吃起魷魚絲。

伊藤：我也是！從小就愛吃。我到現在還記得，家裡冰箱裡有人家送的「海鼠腸」（用海參內臟的鹽辛）。我本來就很喜歡花枝鹽辛，所以趁爸媽不注意時用筷子挾了一根，沒想到才這樣瓶子就空了三分之二。「海鼠腸」都很長對吧？不過我還是忍不住，邊吸邊嚼就吃掉了。結果被罵得要死。那一次讓我知道原來「海鼠腸」就是海參的內臟，而且這麼好吃。那是小學幾年級的事啊……我從小喜歡吃的都是下酒菜。不知不覺就這樣，基因真是害人不淺……

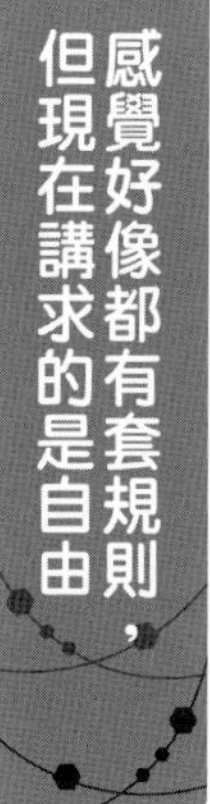

感覺好像都有套規則，但現在講求的是自由

千葉：日本酒之中您有喜歡的類型嗎？

※1 大久保佳代子 諧星團體「綠洲二人組」中負責吐嘈的成員。通常只要說「沒戴眼鏡的那個」應該就很多人知道。

伊藤：我覺得大吟釀沒什麼勁。稍微厚重一點、收口俐落的純米加冰塊最好。不過坦白說，我也喝不出是不是純米，只是看到「純」這個字就好像很興奮。所以我每次點酒都說：「請給我純米酒，不是吟釀也無妨，但是要加冰塊。」還有啊，可能我喜歡看著杯子裡的冰塊吧，還有冰塊敲打杯壁的聲音。沒錯！看了就覺得好喝。雖然有人說冰塊融化後酒不就變淡了嗎？聽到這個我就想反駁：那就在變淡之前喝掉啊！

千葉：其實去酒藏就會看到釀酒的藏人他們也會加冰塊喝，還有人兌蘇打水。加熱喝溫酒的時候也有人順便加很多水。

伊藤：我因為出外景經常到酒藏拜訪，藏元都表示雖然會建議喝法，但更重要的是看各人喜好。這種自由的感覺就令人很舒服了。

千葉：我們店裡會加冰塊、加薄荷之類的香草，或是加山椒等等，做各式各樣的變化。三、四年前還經常會遭受批評。不過顧客都覺得「好喝」，而且也先知會過各個藏元，所以沒什麼問題。

伊藤：我覺得就是一知半解的人才會這麼講。好吃、好喝不就行了嗎？無論吃喝或做什麼事，好像都有套規則，是可以理解啦，但那只是你心目中最好的方式。但我就不一樣啊！

千葉：日本酒這個領域還是有些根深蒂固的觀念，但我覺得或許這就是日本酒始終無法推廣的原因之一吧。

伊藤：但現在不一樣了吧？日本酒專賣的店家也變多了。

千葉：但想要推廣到全球，就得更自由、更輕鬆才行。我認為再不扭轉觀念是行不通的。過去還會有點畏懼，看到前輩或業界人士就不太敢講，但現在多研究，在有所本之下建議，根本豁出去，連胡椒粉、肉桂都加下去（笑）。

伊藤：現在自由享用才重要。喜歡就好，好喝就行了。

日本酒加冰塊喝又何妨

千葉：您平常有固定光顧的日本酒餐廳嗎？不太會冒險踩新店嗎？

伊藤：井本（※2）在日本的時候我們會出去到處喝。井本不就很有冒險精神嗎？所以經常會去探新店。我也會跟她一起去，不過還滿常踩雷，大概五成機率吧。有時候一走進店裡就覺得不妙，也有些是發現不怎麼樣之後就立刻離開。但多喝也會發現還不錯的地方，所以多虧有了井本，讓我會去的店家變多了。只是我真的很會喝，所以常去的店還是多半在家附近，很難拓展呀。

千葉：您身邊的朋友也喝日本酒嗎？

伊藤：這個嘛～其實井本不能喝，但她每次看我喝得津津有味，稍微啜一口就說「好喝！」雖然稱不上喜歡，看她喝起日本酒，今年生日我就送她一套用籃子裝的各種豬口小杯，還有一條小手巾當禮物。

千葉：哇～好棒喔～

伊藤：買了一套給她，我自己看了也想要。但我平常都加冰塊喝酒，結果根本用不到。我身邊有不少朋友開始喝日本酒耶，還有啊，我在六本木的店裡加冰塊喝，店員覺得很不錯，就開始進一些適合加冰塊的酒，之後還弄了推薦加冰塊喝的酒單。不過，變成推薦的多半都是比較濃的原酒，但其實我想喝的是一般的酒耶……

千葉：哦哦哦，店員可能覺得是要稀釋口味重的酒吧。

伊藤：很想說並不是這樣啊！不過，一般不會特別解釋了吧。

千葉：您都喝很多嗎？

伊藤：我是愛喝啦，但其實沒喝那麼多。一喝過頭會整個人都不對勁，我都說最近感覺酒量變差了。

千葉：您喝酒時會一起喝水嗎？

伊藤：我也聽人家這樣說，但我搞不清楚什麼時候喝水呀。因為從頭到尾手上不都握著酒杯嗎？為什麼會想到拿水杯來喝水呢？道理我也懂啦，要同時喝點水比較好，不過正吃著美食的時候，哪需要水呀！不就會喝酒了嗎？喝著酒，然後等著好吃的下酒菜呀！

千葉：會到隔天還宿醉嗎？

伊藤：我不會耶。不過可能相對地也失去了很多體驗。二十幾歲時曾經醉到不醒人事，但活到四十八歲，喝的酒慢慢改變，自己的酒量也很清楚了。唯獨要是喝了各種酒之後最後用啤酒結束時，隔天就不太舒服。為什麼啊？我一直搞不清楚原因。

千葉：我懂。我也會這樣。

※2 井本絢子 因為《阿Q冒險中！》的節目而家喻戶曉，在台灣也稱「Q妹」。兩道粗眉是最大特色。此外，她也是稀獸獵人以及登山好手。

伊藤：我還以為只有我這樣。每次只要再回頭喝啤酒就不舒服。如果是一開始喝啤酒，或是中間改喝啤酒，還是從頭到尾都喝啤酒，這樣都沒問題。就是不能最後回頭用啤酒結尾。只要注意這一點，通常都不會宿醉，喝再多也不會。偶爾喝過頭到最後會失去記憶，但隔天也不會宿醉。老天爺總會賜給我們一、兩樣好東西耶。我得到的就是漂亮的皮膚跟不宿醉的能力。能獲得這兩大能力，我覺得心滿意足。

在外國會想喝當地的啤酒重整心情

千葉：您應該很常出國吧，在國外也會喝酒嗎？

伊藤：這個月的前半段都在外國耶。先去台灣，回來兩天之後又到夏威夷。到台灣是為《阿Q冒險中！》（※3）出外景，沒什麼自由活動的時間，只買了罐裝啤酒撐一下。我很有趣的地方是每次到了其他國家，就會想用當地的啤酒在最後重整心情。罐裝啤酒通常都跟當地的風土很搭耶。以前覺得很好喝就會買了帶回國，但回來之後一喝都覺得不太對味。有這種狀況吧？像是沖繩啤酒在沖繩當地喝起來特別棒。日本酒之類的也會這樣嗎？

千葉：我每年都會到日本各地的酒藏拜訪，在那邊吃到的食物都跟當地的酒很搭。

伊藤：一定都很搭耶，無論如何搭配起來味道就是好。真的很奇妙。有一次我到石川縣拍攝電視節目，收工之後跟愛喝酒的導播去吃壽司。問店家「有沒有石川的酒？」沒想到有好多牌子哦。我們就決定全都喝喝看，每款喝個一合（180cc），每一種都好喝耶。

（試飲時間）

※3《阿Q冒險中！》原名《世界の果てまでイッテQ！》，為日本電視網每週日19:58播映的當紅綜藝節目。（2020年10月資訊）

千葉：前面我們聊了這麼多，我來推薦幾款我覺得您一定會喜歡的酒。首先是「風之森」。

伊藤：雄町……這是很棒的酒米耶。奈良……用的是超硬水啊……「純米榨華」？

千葉：「榨華」意思就跟「一番榨」差不多，指的是最新鮮的部分。硬水因為水中含的礦物質比較多，發酵時會有很產生大量二氧化碳。這種酒會帶有一些氣泡感。

伊藤：啊～氣泡好細哦。真漂亮！哇～這香氣太棒了吧。還有啊，杯子很美耶。

千葉：這是「木村硝子」的杯子。而且一整組還可以這樣疊起來。妳看，杯壁這麼薄，但用來裝溫熱的茶也沒問題唷。是不是很厲害？

伊藤：拿著好怕弄破，但真的很美耶。哇，好棒的酒器。好好哦。嗯～這款酒喝起來感覺是很純淨的水。只有在入口一瞬間會感覺到香氣中帶有甜味，但立刻就轉向換上另一副表情。

千葉：接下來這一款是「仙禽」。這是我自己主導設計，屬於全新類型的酒款。釀好之後放進波本橡木桶熟成的酒。這是位於栃木的酒造，釀酒的老闆很年輕，而且之前還當過侍酒師。這款酒很適合平常習慣喝葡萄酒、不太喝日本酒的人。

伊藤：原來是這種路線啊～酒標好別出心裁，Amethyst。酒色帶著微黃。哇！太妙了，這真的太妙了！香氣也很特別，帶點甜甜的感覺。還有，一入口的時候不覺得是日本酒耶。

千葉：先嚼幾顆可可碎豆，再喝這款酒，就會出現類似巧克力的苦味唷。接下來是香氣非常特殊的酒款。花巴的水酛×水酛。

就像在脫衣舞酒吧裡 幾乎一絲不掛的感覺

伊藤：是哪一類的香氣？可以讓我聞聞看嗎？

千葉：有種情色的香氣。我第一次聞到的時候激動到回不了家耶。可以用雙手稍微加溫一下再聞。應該很容易理解。

伊藤：哇～好舒服哦，太迷人了。好色哦～感覺有種紙醉金迷的香氣。我懂妳剛說的！要說是性感嗎？還是充滿成熟風韻的氣質，而且酒質滑順，但一入口又展現甜美可愛的一面。心機好重哦！

（差不多5分鐘後）

啊，變得不太一樣了耶。剛才聞久了會覺得最後有一點刺激感。這股香氣真的很奇妙，會慢慢變得溫和耶。起初在-5度C之下慵懶從容的感覺也不錯，但現在呈現的就是豪放作風，像是脫衣舞孃幾乎一絲不掛的感覺。

千葉：再來是這支，是一支氣泡酒叫做「天蛙」，這是秋田縣「新政」的酒，屬於濁酒。

伊藤：哇，好順口，還有一點米的香氣。酸酸甜甜的，入口的感覺真舒服。好想搭個油脂豐富的白肉魚或是燻鮭魚。

千葉：可以試試看加一小撮山椒粉到酒裡，又是不同風味。

伊藤：哦哦～就是這個呀。嗯嗯嗯，好像多了幾分清爽。欸，很棒耶，加上微氣泡感香氣更明顯。真的好棒哦。好喜歡。我懂我懂，山椒真不錯，多了點香料味居然變得這麼驚人，突然覺得跟味噌肉醬之類也很搭，想來點重口味的。

千葉：介紹的這些酒款，您還滿意嗎？

伊藤：好好玩！這間店真是太棒了，千葉小姐更棒！好開心哦。

④花巴　水酛×水酛

釀造商／美吉野釀造株式會社（奈良縣）

水酛指的是用室町時代的傳統釀造法釀製的酒。用這種酒來釀造的就是這一款。帶有水果的香氣，喝起來有一種類似新鮮海鞘的味道。

麻里絵 point 請務必體驗其他酒款中所沒有、獨一無二的性感香氣。

⑤新政　天蛙

釀造商／新政酒造株式會社（秋田縣）

將酒精濃度控制在10%以下的瓶內二次發酵酒。不使用任何添加物，開瓶時要注意氣泡噴出。

麻里絵 point 直接喝也非常好喝，如果能撒點山椒粉就更清爽，而且口味更均衡。這也是藏元推薦的喝法唷。

木村硝子

GEM by moto店內使用的日本酒杯都是木村硝子的產品。經典款是「BAMBI系列」，這款葡萄酒杯的特色就是杯型圓潤飽滿，加上短杯腳。另外也推薦平常在家也方便好用的「BELLO系列」。

木村硝子店 SHOP直營店
營業日：週四、五、六（每週3天）　營業時間：12:00～19:00
地址：〒113-0034東京都文京區湯島3-10-4　電話：03-3834-1784

①花巴　山廢純米大吟釀　Splash

釀造商／美吉野釀造株式會社（奈良縣）

這支活性濁酒的特色就是讓人聯想到柑橘類的水果酸味。瓶內發酵產生的細微氣泡喝起來舒暢爽快！

麻里絵 point 在嘴裡含一顆胡椒粒咬碎，再搭一口酒，會變得更好喝。

②風之森　雄町80%　純米榨華

釀造商／油長酒造株式會社（奈良縣）

雖然精米程度低，但在極低溫下經過長期發酵，將溶解性高的雄町80%精米的個性充分發揮，複雜豐潤之中帶有恰到好處的甜味與酸味。

麻里絵 point 加冰塊飲用之下，會感覺到氣泡感與旨味與身體合而為一。

③仙禽　Amethyst

釀造商／株式會社 仙禽（栃木縣）

將經過3年熟成全麴仕込的酒，再放進波本橡木桶裡儲藏熟成。是一款披著洋酒外皮的日本酒。雖然喝起來帶甜味，卻能搭配各類料理。

麻里絵 point 搭著可可碎豆喝一口酒，會變成巧克力的味道！記得要試試這個有趣的組合。

萩乃露 槽場直汲 辛口特別純米

釀造商／株式會社福井彌平商店（滋賀縣）

難得的中汲·直汲限定款。帶有氣泡感，是非常清新的一款酒。旨味凝縮，堪稱佳作。酒標上寫著辛口，的確尾韻非常俐落，但同時又帶著水潤飽滿的感覺，展現多種面貌。

麻里絵point

我是這款直汲系列的頭號粉絲。一開始會感受到來自直汲的氣泡感，立刻將飲用者的情緒帶到最高點，接著舌面上恰到好處的甜味教人上癮。幾乎所有人一嚐到這款酒就會愛上……滋賀縣的水質地豐潤，帶點甜味，和酒米完美融合。解說走筆至此，自己都忍不住流口水了。

松綠 特別純米 生原酒

釀造商／中澤酒造株式會社（神奈川縣）

第11代藏元鍵和田亮挑戰自我的一款酒。以「甜味」與「酸味」均衡表現為主題，每年不斷提升品質。

麻里絵point

我跟阿亮從我在新宿時期就認識了，我們經常討論日本酒的種種。我希望他能成為更傑出的釀造人，經常給他的意見也相對嚴苛，當年一開始店裡也沒進他們的酒。因為我希望他能帶著真正自豪的作品過來。因此，當我喝到這款酒時真的打從心裡感到高興。我能了解他想表達出釀造什麼樣的酒，因為酒中確實反映出與口味相符的純淨、溫暖的感覺。這麼真摯的酒，也希望大家都能嚐嚐看。

笑四季モンスーン 山田錦 貴釀酒

釀造商／笑四季酒造株式會社（滋賀縣）

這個酒標是濃厚極甘口 燗酒天國2013年款的酒標。

麻里絵point

這一系列酒的酒標相當搶眼，而且會隨著釀酒過程設計的變遷每兩年改款。2013～14年是岡田由佳理的作品。一般日本酒在釀造時，會將麴米、掛米、釀造水分三次投入，但貴釀酒在最後一次投料時會用日本酒來代替釀造水。特色是從發酵初期就含有酒精，口味會比較甜。從複雜且帶有刺激性的清爽香氣很難想像充滿異國情調的濃醇甜美後韻，這就是「笑四季」有趣的地方。釀造人竹島先生為人認真，很會照顧人，有時卻不按牌理出牌。酒款作品中也反映出他的個性，教人喜愛。

田中六五

釀造商／有限會社白糸酒造（福岡縣）

使用福岡縣糸島市產的山田錦來釀造的純米酒。誠心誠意用好米來釀酒，並且採用傳統的撥木壓榨法（將酒醪裝入酒袋中，放進木造壓槽內。運用槓桿原理加壓榨取），不外加過多壓力。這款65%精米的酒，可說是從山田錦的田地中誕生。

麻里絵point 一開始印象是相當純淨、無懈可擊，卻有些冷冰冰、不帶一點色彩。但認真面對它之後，發現一入口就像棉花糖融化在口中，如夢似幻。這就是山田錦孕育出的纖細形象，恰到好處的平衡口味散發出無可言喻的魅力。這款酒給我的感覺，就像剛洗好的純白柔軟、膚觸細緻的毛巾，讓人忍不住想觸摸。

酒屋八兵衛 山廢純米酒

釀造商／元坂酒造株式會社（三重縣）

這款酒的目標就設定在平凡無奇的日常生活中理想的日本酒，「喝不膩也喝不倦」，給你一夜安穩舒適的一款酒。另外，也可以改變飲用溫度來搭配各式餐點。俐落的尾韻讓人忍不住一杯接一杯。

麻里絵point 請給我燗酒、馬鈴薯燉肉，還有白飯！一喝這款酒會馬上讓人想到邊吃著鄉村家常菜，一邊喝酒的畫面。透過這款酒，讓人感受到人情的溫暖，甚至有點親切過頭、不太乾脆……沉浸在底層最深處的酸味，夾雜著穀物感的旨味，讓我不由得想起釀造人的笑容。對於這款酒未來的進化，我非常期待。

吾妻嶺 無濾過中取 純米吟釀生原酒

釀造商／合名會社 吾妻嶺酒造店（岩手縣）

雖然酒精濃度相對低，感覺輕快易飲，但口味豐富廣泛，入口之後甜味、辛辣、酸味、旨味、苦味輪番上陣。加上尾韻俐落，展現出搭餐的實力。

麻里絵point 這款酒一入口，就感覺到一股懷念的清爽、俏皮，有些特立獨行的香氣。含在口中時感受到來自酒米香甜的水潤，讓人不由得泛起笑容。水質柔順的觸感令我感覺莫名舒適，是因為這酒來自我的故鄉嗎？這間酒藏規模較小，或許一般人很難遇到這款酒，如果有緣相會一定要試試看！

白隱正宗 純米吟釀

釀造商／高嶋酒造株式會社（靜岡縣）

使用地底150公尺水脈、將近300年前積雪融化的「富士靈水」來釀造，這款酒喝來清爽，口味純淨。溫和的辛口酒，味道在舌面上緩緩散去。無論冰飲、溫飲，隨時都好喝，令人欣慰。

麻里絵point 這是一款在完全放鬆之下，依照自己的步調慢慢喝，也不用刻意挑選搭配餐點的百搭酒。入口瞬間能感受到一股宛如金平糖的淡淡甜香通過鼻腔。水質柔軟，自然融入酒中，最後慢慢消退的潔淨感令人覺得很舒服。推薦居家必備的一款。

來福 純米吟釀生原酒

釀造商／來福酒造株式會社（茨城縣）

100%使用兵庫縣產的愛山酒米。來自積極進取的酒藏，在沿襲傳承江戶時代傳統的同時，也不忘持續挑戰新的釀造手法。這款酒散發出華麗的吟釀香氣，呈現高雅的辛口感。

麻里絵point 散發香草般的氣息，加上滑過舌面的柔順，感受甜味凝縮，極致優美的一款酒。這間酒藏以花酵母聞名，但這款酒使用的是9號酵母，搭配容易溶解的愛山酒米，營造出辛口感。這間酒藏每年都會嘗試各種新的挑戰。由知識淵博、經驗豐富的釀造人藤村先生釀造，純樸的作品卻具有安心感與包容力，邊喝邊覺得心平氣和。

雪之美人 純米大吟釀6號酵母火入

釀造商／秋田釀造株式會社（秋田縣）

總之，一開始這香氣就教人目眩神迷，好想一直聞下去。6號酵母獨特的酸味以及多層次的口味，構成一款極佳的旨口酒。無論搭配重口味或清淡的料理都合宜，務必要試試看。

麻里絵point 柔順卻紮實的酸味，每次喝到這一款就感到情緒激昂。在成熟穩重的格調中，帶著些許迷人的微刺激口感，讓人聯想到麝香葡萄，這種兼具玩心的口味，正是釀造人小林先生的風格。率直俐落、獨一無二的美妙酸味，和甜味達到完美均衡。是一款深不可測的酒，令人舒暢陶醉在其中。

出場的廚師餐廳

※見第93頁

BBQ 610

〒150-0013 東京都澀谷區惠比壽1-25-3
電話：090-2257-1457
18:00～23:00　※需事先訂位　不定期公休

LA BONNE TABLE

〒103-0022 東京都中央區日本橋室町2丁目3-1　Coredo室町2　1樓
電話：03-3277-6055
午餐11:30～15:00（最後點餐13:30）／晚餐 18:00～20:30
單點20:00～23:00（最後點餐21:30）　※需事先訂位　不定期公休

Celaravird

〒103-0022 東京都澀谷區上原2丁目8-11　TWIZA上原　1樓
電話：03-3465-8471
週二～六 18:30～　週六提供午餐　11:30～
※需事先訂位　週日・週一公休

Ode

〒150-0012 東京都澀谷區廣尾5-1-32　ST廣尾　2樓
電話：03-6447-7480
午餐12:00～（最後點餐13:00）
晚餐18:00～（最後點餐21:00）　※需事先訂位　週日公休

Sio

〒103-0022 東京都澀谷區上原1-35-3
電話：03-6804-7607
晚餐18:00～20:00（開始）
週六、日及例假日提供午餐　12:00～13:00（開始）　※需事先訂位　週三公休

酛集團

新宿　日本酒Stand酛

麻里絵年輕時曾擔任店長的「立飲」型態日本酒專賣店。距離JR新宿站約10分鐘，不規則コ字形的小店，大約容納13個人就差不多客滿。特別講究季節酒款，每天都有新的酒進貨。

〒160-0022 東京都新宿區新宿5-17-11　白鳳大樓B1　電話：03-6457-3288
營業時間：週一～週五15:00～23:00　週六、週日及例假日 12:00～21:00　不定期公休

Kyobashi moto

〒104-0031 東京都中央區京橋2-6-13　電話：03-3567-7888
週一～五　16:00～（最後點餐22:30）　週六15:00～（最後點餐21:00）　週日及例假日公休

PLAT STAND酛

〒180-0004 東京都武藏野市吉祥寺本町1-9-10　Family廣場大樓B1　電話：0422-27-1640
週一～六　12:00～（最後點餐22:00）／週日及例假日12:00～（最後點餐20:00）　不定期公休

※本書刊載內容為2020年10月當時資訊。部分店家網址或有更動，敬請見諒。

後記
之類的內容
目白花子
別看我這樣，其實，我的酒量，弱到不行。
咦!?
正裝
感覺很會喝耶。
大家常這樣說。
我對於酒，沒有任何知識。
這次竟然接下了麻里絵的漫畫。
很驚訝像釀酒、餐飲界這類訴諸感官的工作，如此細密嚴謹。
很想畫得可愛但是…
全都是日本酒狂…
都是不斷追求「悸動」及無限可能的狂人。
連麻里絵也是
抱歉我任意詮釋各位的長相!!
最喜歡GEM by moto鯖魚卷那道下酒菜。
可以搭這款酒。
一點點就好。

後記

千葉麻里絵

我目前擔任「GEM by moto」這間店的店長，負責選酒與開發餐酒菜單。這間店就位於惠比壽與廣尾之間。

最初提議要出版漫畫時，我心想難道是要將生平畫成漫畫嗎？在故事逐漸成形之後，我才發現和身邊的人、事、物有這麼深厚的緣分，自己都嚇了一跳。

我從小就對很多事都有興趣，也多方嘗試，但經常是一下子就厭倦了。大學畢業之後仍舊是這副德性，搞不清楚究竟想做什麼，總之找份工作，就這樣過生活。就在百無聊賴的日常中感到矛盾時，我認識了日本酒。

現在，我透過日本酒結識了許多生命中真的不可或缺的人們，每天的生活都好充實快樂。工作快樂到有時候甚至不知道該怎麼度過什麼事都不必做的休假日（笑）。

本書裡也描述得很詳細，在剛踏入這一行時認識鳳凰美田的小林先生，那時真的感受到很大震撼。

此人嚴肅到令人害怕（比漫畫裡還恐怖）。好像有一股看不見的威嚇，總之光是氣勢就能折服人。當時對釀酒全然無知的我，不知道該問什麼問題，也不知道該做什麼，似乎像看了什麼不該看的，從頭到尾都起著雞皮疙瘩。直到現在，每年一到釀酒季節他還是會讓我到酒藏，這股戰戰兢兢的感覺仍舊未變。不僅如此，喝到剛釀好的新酒時又讓我起雞皮疙瘩。釀酒真是太偉大了！我就是秉持這股心情，對日本酒的愛戀愈陷愈深。

GEM by moto的客層很廣，包括日本酒的入門者、經常大啖美食的饕客、熟悉葡萄酒的酒客、甚至是一流侍酒師、一流廚師等許多同業人員。為了希望連讓這些顧客也能喜愛，有愈來愈多人能接受像是「這道料理可以搭配日本酒哦！」的聲音。我隨時都在思考，如何能讓顧客發現日本酒真好喝！日本酒好有趣！對顧客有愛，然後用自己想表達的方式自由展現。在此，不需要其他人訂下的規則。無論他人怎麼想，未來我也希望秉持這樣的理念，繼續推廣日本酒。畢竟這是一份能改變人生的職業呢！

沒什麼值得自豪的我，自從喜歡了日本酒之後，付諸心動、認真面對、遇到了好多人，體會到生活變得好快樂，也逐漸產生勇氣，變得無敵了！如果各位讀者也能感受到這份心意，就太好了。希望我的親朋好友也能夠在遠方為我加油打氣，「麻里絵很努力嘛～」笑著邊喝日本酒。

最後，感謝仔細聆聽、理解我每一句話的齊藤編輯，繪製精彩漫畫的目白老師、得因應我各種誇張要求的設計師小梅，還有讓我了解日本酒博大精深的各個藏元、酒舗，以及諸位餐飲同業。當然，還有永遠支持我的工作人員以及為我加油打氣的顧客，在此向各位衷心致意，非常感謝大家。

國家圖書館出版品預行編目資料

戀上日本酒 / 千葉麻里絵作 ; 葉韋利譯 . -- 一版 .
-- 臺北市 : 臺灣角川 , 2021.1
面 ; 公分
譯自 : 日本酒に恋して
ISBN 978-986-524-100-1(平裝)

1. 酒 2. 日本

463.8931 109014549

戀上日本酒

原著名＊日本酒に恋して

作者＊千葉麻里絵
繪者＊目白花子
譯者＊葉韋利

2021 年 1 月 7 日 一版第 1 刷發行

發行人＊岩崎剛人
總編輯＊呂慧君
主編＊李維莉
美術設計＊李曼庭
印務＊李明修（主任）、張加恩（主任）、張凱棋

台灣角川

發行所＊台灣角川股份有限公司
地址＊ 105 台北市光復北路 11 巷 44 號 5 樓
電話＊（02）2747-2433
傳真＊（02）2747-2558
網址＊ http://www.kadokawa.com.tw
劃撥帳戶＊台灣角川股份有限公司
劃撥帳號＊ 19487412
法律顧問＊有澤法律事務所
製版＊尚騰印刷事業有限公司
ISBN ＊ 978-986-524-100-1